関東学院大学出版会

# 軍港都市　横須賀・下町地区の都市形成

## 防火建築帯によるまちづくり

黒田　泰介・亀井　泰治　著

# はじめに

黒田　泰介

本書は亀井泰治氏によって関東学院大学大学院工学研究科に提出された、二〇一九年度修士論文『横須賀市中心市街地の都市形成と防火建築帯による下町地区の整備～横須賀における耐火建築促進法の適用・三笠ビル建設を例に～』（主査：黒田泰介、副査：水沼淑子、古賀紀江）を底本として、黒田による横須賀の都市形成に関する記述と合わせて、一般書として再構成したものである。

亀井氏は横須賀市役所職員として、長年にわたり横須賀の公共建築とまちづくり活動に携わられてきた人物である。関東学院大学黒田泰介研究室に所属してまとめられた論文は、彼の行政での豊かな経験と情報を基底としながら、何よりも地元横須賀市への深い理解に基づいている。本書の主題となる、戦後の横須賀中心地区における都市計画史は、これまでほとんど語られてこなかった貴重な内容が含まれている。この素晴らしい学術的成果を、是非広く公開したいと考えたのが本書出版の動機となった。

三浦半島の中部に位置する横須賀市は、東京湾と相模湾に面する面積約一〇〇平方キロメートル、人口約三八万人の中核市である。幕末期における横須賀製鉄所の建設を機として、これを引き継いだ海軍工廠および鎮守府（旧海軍の根拠地）の存在から、明治期より日本有数の軍港都市として栄えた。第二次世界大戦後は在日米軍と海上自衛隊の基地を抱え、首都圏の中で独自のポジションをもち続けている街である。

背後に急峻な山地が迫り、深い湾をもつ地形は世界共通の良港の証であるが、それは同時に人口増加に伴う都市の発展を阻むものでもあった。鎮守府の軍人及び海軍工廠で働く技術者と労働者、そして海軍工廠との商いで生計を立てる市民達が住まう街、横須賀は、軍需以外の産業をもたない消費都市でもあり、度重なる海面埋立てを経て形づくられてきた中心市街地には、軍、市当局、民間の様々な思惑が複雑に関係してきた。

一例を挙げると、関東大震災は横須賀にも大きな被害をもたらしたが、その速やかな復興と大規模な道路整備の実施には、軍の強力な後押しがあったといわれている。興味深いことに、横須賀中心市街地の街区内部には、震災復興による区画整備以前の道路空間が部分的ながらも残存しており、かつての街の姿を今に伝えている。

太平洋戦争末期、隣市の横浜では空襲を受けて中心部の関内地区等が壊滅したのに対して、横須賀中心部では爆撃の被害は極少なく、良好な都市インフラが維持された。温存された海軍工廠を始めとする旧軍の施設はそのまま在日米軍へと引き継がれて、今日に至る。木造家屋が密集していた中心市街地は、昭和三〇年代以降に事業化された都市計画法による整備事業によって、近代的な町並みへと変わっていった。

横須賀市の中心市街地であり、本書の考察の対象である下町地区には、昔ながらの商店街としての構造を残しながらもモダンな外観をもつ「三笠ビル」が建つ。古くからの市道の両側に建ち並ぶ店舗群は、従前の敷地割を継承した長屋形式を採りつつ、鉄筋コンクリート造の不燃建造物へと建て替えられた。市道上にはアーケードが架けられ、二階を含む立体的な利用が計画されると共に、多様な店舗群の集合に統合された外観を与える長さ一八〇mのファサードは、「都市美の統一」を目指したものであった。本書の論考の柱となる三笠ビルは、戦後日本の一時代を象徴する防火建築帯の一例であると共に、下町地区の象徴的な都市空間として、今日も活気ある姿を見せている。

横須賀の都市形成については、歴史的な観点より幕末期から第二次大戦後までを扱った研究や著作は多々あるものの、戦後の都市計画の進展について詳しく述べているものは、ほとんどみられない。本書は特に戦後の都市不燃化運動と都市計画関連法の適用による市街地整備の状況に注目し、その背景と内容を精査していく。

本書は第一章から第三章において、幕末から戦後に至るまでの横須賀下町地区の都市形成史を概観した後、第四章より戦後の同地区における都市計画とその実施内容について検討する。第四章以降は耐火建築促進法と防災建築街区造成法という、再開発法に先立つ二つの都市計画法によって生み出された都市空間である、防火建築帯と防災建築街区の建設について検証する。

まずは耐火建築促進法成立の背景と、その実施策である防火建築帯の建設に活躍した今泉善一と日本不燃建築研究所の活動に注目する。そして今泉が手がけた下町地区の防火建築帯「三笠ビル」に関して、三笠ビル商店街協同組合が保管する建築図面や資料を基に、その建設の背景と建築的特徴を考察する。さらに下町地区における防災建築街区造成法の適用について、当時の行政資料を基に検証しつつ、実現した防災建築街区のひとつであった「あずまビル」を取り上げて、その都市的な特徴を分析する。

このように本書は、横須賀下町地区の形成過程を、その始まりから近代のまちづくりに至るまで総合的な観点から論述し、下町地区の都市空間が備える特質の一端を多角的に明らかにしていく。

# 目次

カバー・表紙「横須賀明細弌覧圖」（1890（明治 23）年、個人蔵）

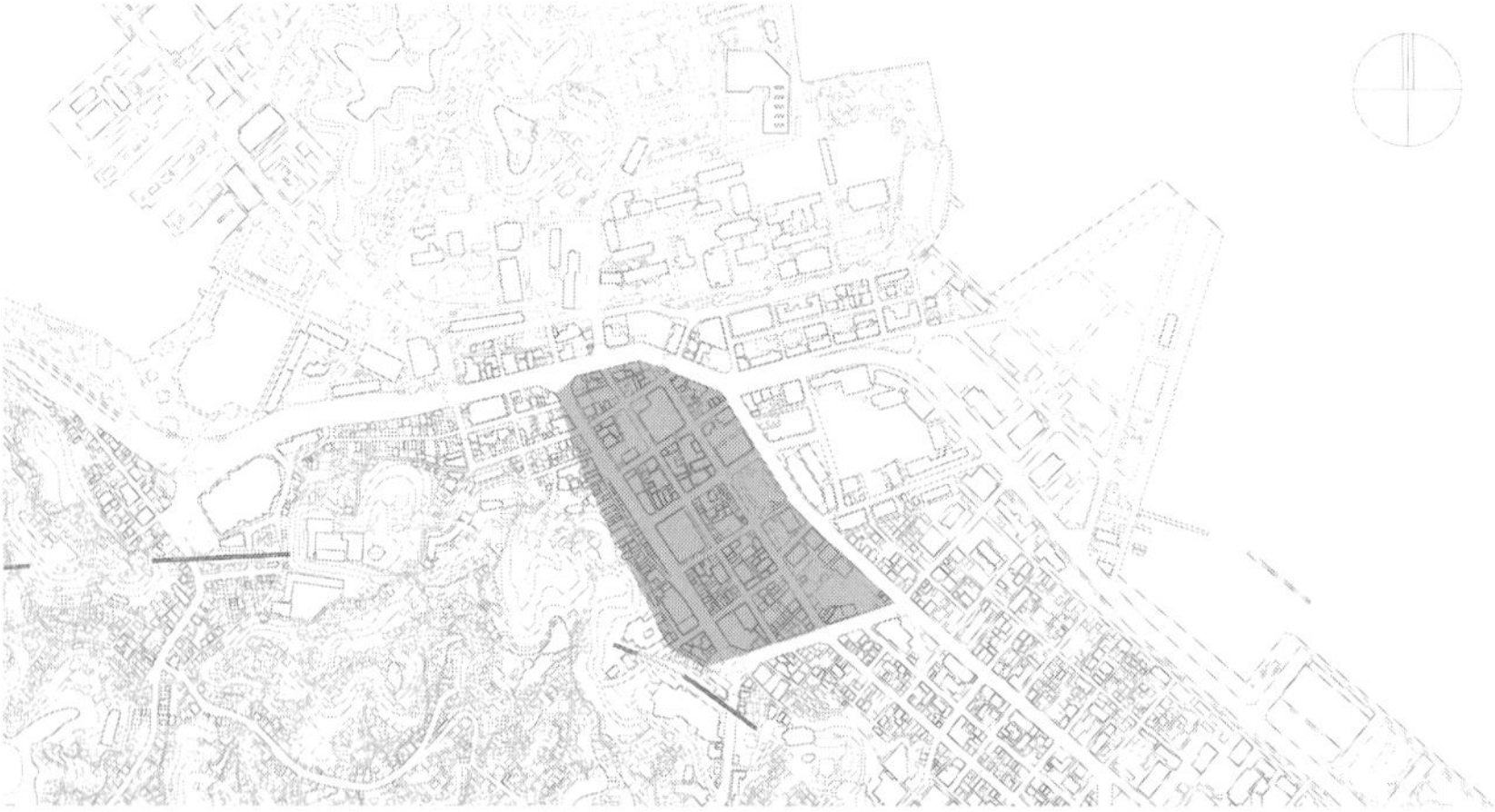

本書における横須賀市下町地区の範囲　＊基盤地図情報（国土地理院）上に記入

## 横須賀下町地区について

本書では上図中に示したグレーの範囲を「下町地区」と称する。横須賀市中心市街地における同範囲内には、伝統的に大滝町、小川町及び若松町の一部が含まれる。

「下町」という名称は現在に至るまで、横須賀市における正式な町名となっていない。ただし一九六六（昭和四一）年五月に横須賀市が防災建築街区指定の申請を行う際には、当該地区の名称を「横須賀市下町地区」としている。

一九〇七（明治四〇）年に横須賀町と豊島町が合併して横須賀市が誕生した際、旧豊島町にあたる八幡山尾根筋の浦賀道に連なる上町（うわまち）地区に対して、麓に広がる旧横須賀町の繁華街を下町地区と呼ぶようになった。その後、一九五六（昭和三一）年の町名地番整理によって、旧豊島町の一部は現在、上町一～四丁目との町名を得ている。

第一章

# 軍港都市　横須賀のなりたち

図1　横須賀造船所 全景（1872（明治5）年頃）

# 横須賀のはじまり

## 横須賀製鉄所の建設

江戸末期、製鉄所建設以前の横須賀は、僅か三十戸ほどの民家が散在する小さな漁村であった。明治以前の三浦半島は、鎌倉時代に豪族三浦氏の水軍基地が置かれた三崎、江戸時代に伊豆下田より奉行所が移転して行政と江戸湾海防の拠点とされた浦賀の二都市を中心として栄えていた。横須賀村は海に面して断崖が連なり、居住に適した土地とはいえなかった。主として漁業を営む住民は少なく、横須賀は三崎～浦賀間の経由地にすぎなかったとも言われる。

一八五三（嘉永六）年の米国ペリー艦隊の来航を機に、外国の軍艦による江戸湾への進入は国防上の大きな問題となった。徳川幕府は鎖国政策上、大型船の建造を禁じていたが、この禁を解き、洋式艦船の建造と購入を進めた。勘定奉行の小栗上野介忠順は、海外技術を導入した近代的な造船所の建設を強く主張し、財政危機に瀕して消極的な幕府を動かした。

当時、幕府を支持していたフランスの協力を得て、造船所の建設が始まる。当初は長浦湾を建設予定地としていたが、仏軍士官の測量によって湾内は比較的浅いことが判明したため、造船所建設地として疑問視された。

対して隣の横須賀は二十m以上の深さがあり、湾の入口が太平洋とは反対の北側に向いていて海面が穏やかであること、また曲折した湾の形状はフランス海軍司令部が置かれているトゥーロン港にも似ていることが指摘され、最終的に横須賀が造船所の建設地として選ばれた。

造船施設（仏語でアーセナル arsenal）は幕府によって、材料となる「鉄を加工する場所」という意味から「製鉄所」と名付けられた。一八六五（慶応元）年、フランソワ・レオンス・ヴェルニーを中心とした仏人技師達によって敷地調査と測量が行われ、建設工事が開始された。ドライドック（船を修理する施設）は石積みで建設された。仏人技師は木造家屋に住む日本人の石造建築技術を不安視していたが、実際の工事を見て、その技術力の高さに驚かされたという。製鉄所入口手前に設けられた円形のロータリーの周囲には、仏人技師が生活する官舎などが配置された。

徳川幕府の崩壊後、造船所の建設は明治政府へと引き継がれる。フランスによる技術提供も継続され、一八七一（明治四）年に第一号ドックが完成する。施設の名称も、横須賀製鉄所から横須賀造船所（図1）と改称された。その後は海軍本拠地として横須賀鎮守府造船所（一八九七年）、横須賀海軍工廠（一九〇三年）と名称を変えていった。造船所の建設を契機としてヒト・モノ・カネが集まり始めた横須賀は、急速に軍港都市としての発展が始まった。

## 大滝町の誕生

横須賀製鉄所建設に合わせて、幕府は一八六七（慶応三）年に町はずれの大滝の地を埋め立て、外国人向けの遊郭を建設した。明治後期に刊行された『横須賀案内記』には「大瀧の海面を塡め遊郭を設けて外人の娯楽に供す」とあり、また『新横須賀市史 別編 年表』には「一八六七年　横須賀村名主永嶋卯兵衛等、外国人遊参所建設のための海岸埋立を製鉄所役所に願う」と記されている。同案内記は大滝を「元山麓の沿岸にして、只茅屋二三あるのみ。海に臨む断崖を隔てて若松に対し、潮去りたる時僅に歩行するを得」と記していることから、この地は当時、ほぼ海面下の土地だったと思われる。

大滝の地名は江戸時代末期の横須賀村の小字の一つとされているが、この地名は横須賀製鉄所の建設以後に新しく生まれたものなのか、又は従来からの小字が改名したものなのか、定かではない。地名の由来については、崖や断崖の存在、もしくは東南の崖上に瀑布があったからとも言われる。しかし現在の地形を見る限り、河川らしきものが大滝町背後の丘陵部に存在したとは考えにくい。ともかく、海沿いの埋立地につくられた大滝の町が、横須賀下町地区のはじまりとなった。

『大滝町会創立五十周年記念誌』は「大滝の特徴は商業というより貸座敷、遊郭を主体とした遊び場のようにみえる。両側に居並ぶ小字の中心地に大門が設けられており、この推測を裏付ける」と記している。また同誌によれば、この地にあった業種には「貸座敷」のみならず、「運送」「地図」も交じっている。例えば、町内の屋号には「高橋勝七　地図」の名が見られる。浦賀に拠点をもつ高橋勝七は「若松屋」の屋号をもっていた。浦賀沖にペリー艦隊が初来航した際、沿岸警備は会津藩が担当していた。屋号に見るように会津藩との関係をもっていた高橋は、その後の発展を見越して横須賀に進出してきたのかもしれない。なお高橋勝七は、後に若松町となる土地の埋立て事業を行っている。

一八七二（明治五）年、横須賀造船所は海軍省の所管となる。翌年、浦賀に海軍屯営が、一八七七（明治一〇）年には逸見村に海軍省東海本営が置かれ、海軍水兵の養成が始まった。機関科生の分校は横須賀に置かれ、造船所の各工場で実地研修し、乗艦訓練を行った。一八七六（明治九）年より横浜の弁天仲通りにあった東海鎮守府は一八八四（明治一七）年に横須賀へ移転し、横須賀鎮守府となった。田浦村には大規模な造兵工場が建設され、兵器の製造を担った。こうして横須賀は造船所を中心に、軍港都市として海軍の諸機関・諸施設、病院などの整備が進んでいった。

一八七七（明治一〇）年までに横須賀には、横須賀小学校、横須賀電信局、横須賀警察署などの公共施設が整備されていった。『よこすか中央地域　町の発展史1』は「横須賀経済経営史年表（新版）」からの抜粋として、「明治一〇（一八七七）年の横須賀町は戸数四八一で、その中心地は港町地区八七戸、稲岡町・元町・旭町・諏訪町・浜（小川）地区一七九戸、大滝町・山王町地区八八戸の三地区で、そこには各種の商人、造船所出入の御用商人、旅館、料理店などのサービス業や銀行、区役場があった」と記している。一八七二（明治五）年には、浦賀から横須賀に進出した岡本伝兵衛が「雑貨屋呉服店（後のさいか屋）」を創業している。

## 海面埋立てによるまちづくり

### 小川町・若松町の成立

横須賀は急峻な丘陵が海に迫り、水深が深く、波が静かである。港として良好な地形である反面、市街地を設けるための平らな陸地が少ない。このため、造船所を中心とした都市の成長に従って、町はずれの海に面した部分を埋め立て、新たな土地を造成することで市街地を拡大していった（表1）。

下町地区の嚆矢となったのは、外国人向け遊郭が置かれた大滝町の形成であった。表1に見るように、大滝町を皮切りとして、一八六九（明治二）年には内浦の湿地を埋め立てて汐留町の市街地が生まれた。後に横須賀監獄が建設されたのも、この埋立地である。一八七一（明治四）年には汐入の北方海面が埋め立てられ、湊町ができる。ここでは逸見へ続く道路を挟んで民家が建ち並んだ。一八七四（明治七）年には逸見の一部である現横須賀駅周辺でも埋立てが進む。造船所周辺の埋立てと市街化が一段落すると、一八七八（明治一一）年以降の埋立て工事は、後の横須賀下町地区へと推移していった。

横須賀造船所では一八七三（明治六）年に初の国産軍艦「清輝」が完成する。翌一八七四（明治七）年には第三号ドックが竣工した。横須賀製鉄所着工以来、首長を務めてきたヴェルニーが一八七五（明治八）年に帰国した後は、日本人技術者を中心として軍艦建造が進められる。一八七七（明治一〇）年頃には海軍省による横須賀造船所の運営が軌道に乗り、工員数も増加する。こうした背景から、埋立てによる土地造成と一般市街地の整備が加速していった。

大滝町が正式に誕生するのは、横須賀が村から町に移行した際のことである。一八七五（明治八）年三月三〇日、横須賀村は横須賀町となった。従来の小字が廃止され、元町・諏訪・旭町・稲岡・楠が浦・山王・坂本・汐入・汐留・汐留新道・谷町・湊町・大滝・若松・泊里の一五町が定められ、各町名には「横須賀元町」など横須賀の名が冠された。ここには小川町が含まれていないが、同町は明治一五年にできたとされる。また、若松町は一八七九（明治一二）年の埋立てによって設けられた市街であるため、明治八年時点では恐らく「中横須賀」がこれにあたるものと思われる。

大滝町に始まり、下町地区を構成する小川町、若松町が順次埋立てによって形成されていった。小川町につ

表１　明治期の横須賀市中心部における埋立ての進展

| 埋立年 | | 場　所 | 埋立行為者 | 出典資料 |
|---|---|---|---|---|
| 1867 | K3 | 外国人遊参所建設の埋立て・後の大滝町 | 横須賀村名主 永嶋卯兵衛 | 新横須賀市史年表（永嶋家文書） |
| 1869 | M2 | 汐留町の埋立て | — | 横須賀案内記 |
| 1871 | M4 | 汐入以北の海面を埋立て・後の湊町 | — | 横須賀案内記 |
| 1878 | M11 | 稲岡以南大滝以北の埋立て・後の小川町 | 三浦郡長 小川茂周 | 新横須賀市史年表（横須賀案内記） |
| 1879 | M12 | 大滝以東、深田米が浜以西の埋立て・後の若松町 | 浦賀町鴨居の素封家 高橋勝七 | 新横須賀市史年表（横須賀案内記） |
| 1887 | M20 | 稲岡町字白浜海岸の埋立て | — | 新横須賀市史年表（毎日新聞（明治）） |
| 1889 | M22 | 深田・米が浜の海面の埋立て | — | 新横須賀市史年表（横須賀案内記） |

いては『よこすか中央地域　町の発展史1』に「明治一一（一八七八）年一一月、大滝町の山崖を削り、稲岡以南大滝以北の海面を埋立て、小川の街区がつくられた。その小川と名付けられた由来は、時の三浦郡長小川茂周の主唱によって、市街地拡大のため、大滝に続くこの地が埋築されたことによるという。小川は七月に初代三浦郡長に就任後まもなく、一一月には当地の埋立て工事を開始したことになる。埋立は翌年完成し…」とあり、造成された町名には工事を推進した当時の三浦郡長の名が冠された。明治一一年七月には郡区町村編成法、府県会規則及び地方税規則が改正され、三浦半島全域が三浦郡となった。

若松町の由来について『横須賀案内記』は「明治十二（一八七九）年三浦郡浦賀町鴨居の素封家高橋勝七（屋號を若松屋といふ）大瀧以東、深田米ヶ濱以西の地を埋め、其屋號に因みて若松町と名づく。後年更に嗔めて之れを擴大し、平阪の小徑を拓き、深田に達する道路を完成す」と記している。若松町の町名は、埋立てによる土地造成を行った、高橋勝七の屋号にちなむものであった。

横須賀町の拡張は後背の丘陵上部にある中里（上町）にも及んだ。造船所近くの下町地区は遊郭がある遊興地であったのに対して、上町には多くの住宅が建てられた。上町方面はかつてより汐入から続く浦賀道（保土ケ谷から六浦を経て横須賀に至り、浦賀へと続く街道）が通っていたが、下町との通行は明治一〇年頃につくられた狭い坂道（平坂路線）しかなかった。その後、平坂が拡幅されて交通が改善されたことにより、居住地はいわゆる下町から上町へと広がっていき、深田村・中里村・公郷村へと開発が進んでいった。

## 絵地図に見る明治期の下町

明治一〇年代になると、日本の近代化の象徴である造船所を一目見ようと、国内各地を始め海外からも訪れる見学者が増えていった。明治政府は文明開化の成果をアピールするために、横須賀造船所の施設を一般公開していたのである。東京や横浜から出港する定期船に乗って、毎日百数十人の観光客が横須賀を訪れた。

一連の版画「横須賀港絵図」（図2～6）は、当時の地元旅館によって、観光用パンフレットや土産物として出版されたものである。図中には「船渠及諸機械ノ運轉功用ヲ觀ンガ爲メ内外國人ヲ問ハズ來觀スルモノ一日數百人ノ多キニ至ル」との記述も見られ、往時の横須賀のにぎわいが偲ばれる。造船所の周辺では官庁舎や軍関係の施設整備が進んだのに対して、下町地区は主として軍人・工員相手の歓楽街・繁華街として発展した。

これらの絵地図を出版順に比較すると、横須賀の町が埋立てによって徐々に広がっていく姿が観察される。以下、各絵図に描かれた横須賀下町の姿を詳細に見ていこう。

### 横須賀港一覧絵図（図2、一八七九（明治一二）年）

横須賀造船所（図中央）の特徴的な長細い建物は製綱所（船に使うロープを作る工場）である。これに沿って、手前から太い道路が海に向かって延びている。造船所と下町地区（図右、海沿い）を結ぶ、このメインストリートには「元町・塩留町」と書かれている。この一帯は後の横須賀本町となった地域であり、造船所周囲



図2　横須賀港一覧絵図（1879（明治12）年）部分

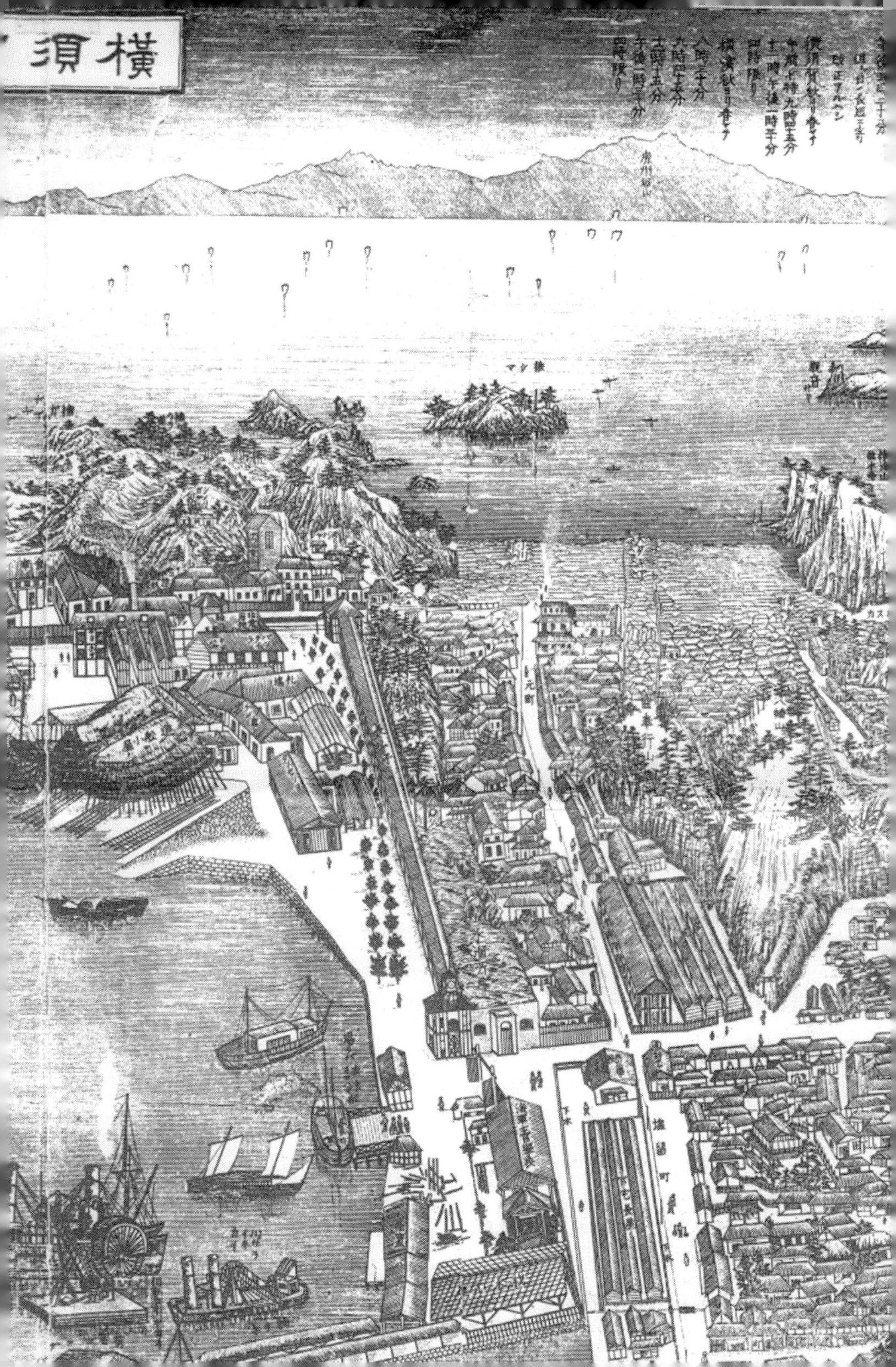

横須
改正アルベシ
横須賀駅ヨリ発ス
午前七時九時四十五分
十二時午後一時三十分
四時限り
横濱駅ヨリ発ス
八時三十分
九時四十五分
十二時十五分
午後一時三十分
四時限り
房州鋸山

には官舎等が並んでいる。一八七六（明治九）年には横須賀電信局が開設されるが、図中には道路に沿って既に電柱と電線が描かれている。図の下側に続く道路は、後に横須賀の観光名所「どぶ板通り」の原型となった。

「元町」の先には、海沿いの大滝町（大タキ）と小川町の町並みが簡略化して描かれている。大滝町の右手に位置する若松町（図中では若町と表記）は明治一二年に埋立てが行われたことから、埋立工事完了後、すぐに市街化が進んだことがわかる。図中「若町」の右下、「中横スカ」との中間には「吉原」の文字が見られるが、これは大滝町にあった遊郭を示すものと思われる。

元町と下町の境目、道路の右手に描かれた大きな建物は旅館三富屋で、横須賀の旅館業者の中で最も大きかった店といわれる。

横須賀一覧図（図3、一八八二（明治一五）年）

図2（明治一二年）と比較すると、下町地区を含めて道路整備が進んでいるのが判読できる。図2中に見られた「中横スカ」や「吉原」の記述が無くなり、代わって大滝町の名称上部に「此辺妓楼多シ」との記載が現れる。この記述は矩形で囲み、特筆されていることからも、この一帯が当時の遊興地であったことがわかる。

図中右上、「平サカ」（平坂）の下側には「浦賀道」、上側には「旧浦賀道」の記述が見られる。これはかつて山中を抜けて浦賀方面に続いていた浦賀道が、下町地区を通る道を本線として変更されたことを示している。図より、拡幅された平坂が開通して、海沿いの行き止まりであった下町地区から丘陵上部の上町に向かって、市街地が南側に拡大していったことが読み取れる。

海沿いの小川町・若松町の埋立工事が完成し、下町地区には二つの港が設けられた。一つは元町から続く稲岡町の通りの終端に位置し、埋立て地に食い込んだコの字型平面の港、もう一つは平坂の麓にある港で、沖に

図3　横須賀一覧図（1882（明治15）年）部分

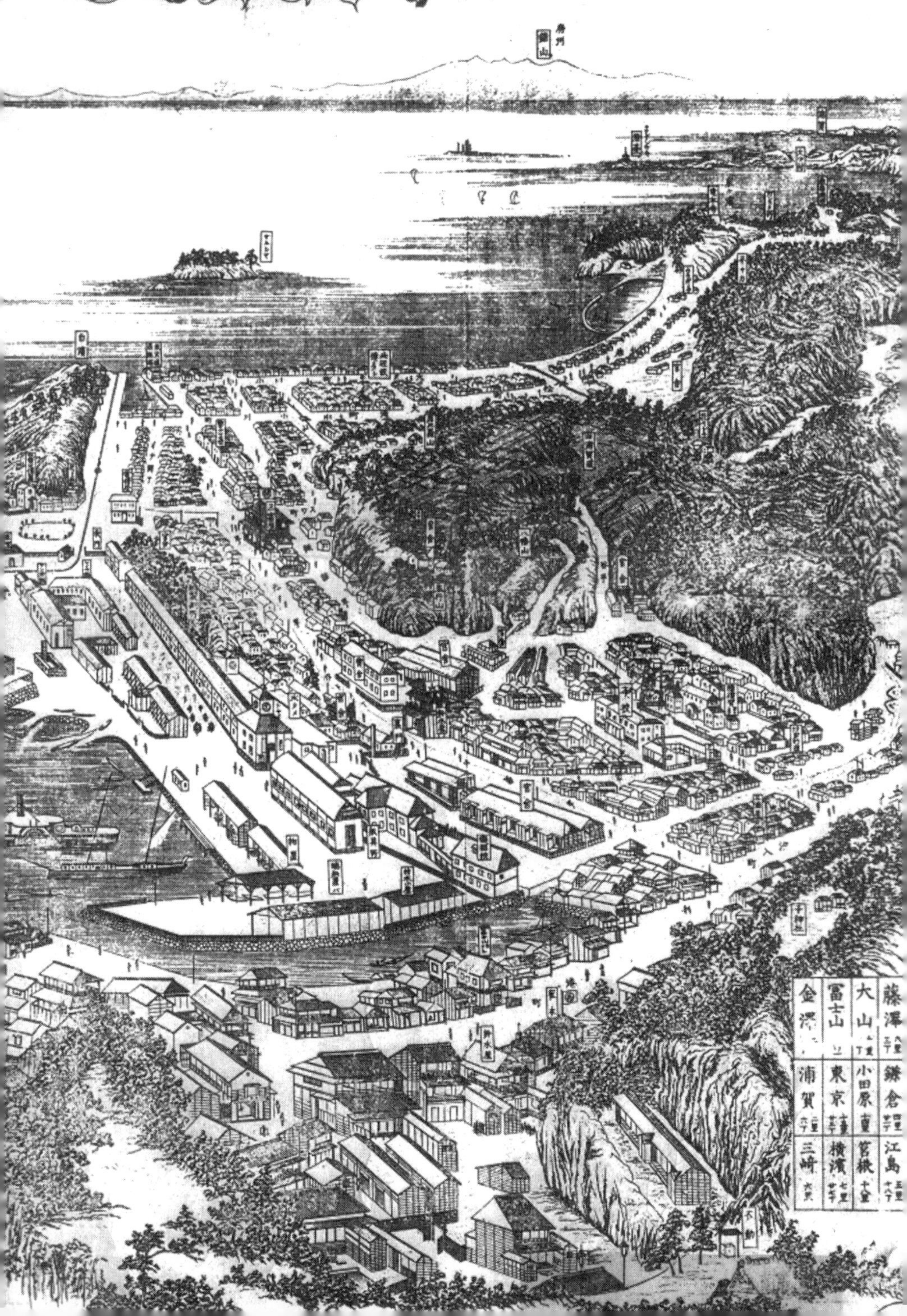
藤澤
鎌倉
江島
大山
小田原
富士山
東京
横濱
金澤
浦賀
三崎

ているのが見える。

防波堤を備えている。稲岡町の入口、造船所表門の前には横須賀電信局が描かれ、元町通りの電線が接続されているのが見える。

一八七七（明治一〇）年には横須賀―横浜間で定期の往復便船が開設した。一八八一（明治一四）年には三浦汽船会社が開業していることから、横須賀中心部への交通に便利な稲岡町の港を使用していたと思われる。

横須賀明細一覧図（図4、一八八五（明治一八）年）

これまでの絵地図と比較して、街路がよりはっきりと描かれている。図3で指摘した下町地区、稲岡町の港には「東京通氣セン」の記述がある。山越えの難所が続き、陸路が不便であった横須賀では、海上交通が主役だった。鉄道が開通し、国鉄横須賀駅ができるのは一八八九（明治二二）年なので、この図が描かれた時点では、この港が横須賀の玄関口だったことがうかがわれる。

元町通りには旅館三富屋の他、職工学校の向かいに旅館鈴木屋が描かれている。三階建ての建物は町並みの中で目を引いたことだろう。図の右下に描かれた汐入町の旅館鈴木屋は、屋号を染め抜いた旗が印象的である。

大滝町・小川町には引き続き「此辺妓楼歓待アリ」との記載が見られる。浦賀道からの陸上交通と、東京や横浜からの定期便が着く港近くの下町は、人通りも多く繁華街として賑わっていたと思われる。

横須賀造船所表門前には、ロータリーに面して「横スカ軍法會議」と書かれた大きな建物が見える。同記述の右には未記入の空欄がある。

また猿島には「陸軍砲臺」の記述が見られる。本図作成の前年（一八八四（明治一七）年）には、猿島砲台が竣工した。観音崎砲台などと併せて東京湾沿岸を守備する東京湾要塞が建設され、横須賀に陸軍関係施設が進出し始めたのもこの時期からである。

図4　横須賀明細一覧図（1885（明治18）年）部分

二テ東京ヲ距ル海
四里横濱港ノ南二
戸數殆ト三千餘戸
四面皆山ヲ帶
内水深ク大艦巨舶
輻湊シテ帆檣林立
ル艦艇投錨時ト
聞ヘコトナシ其繁盛
遠ク諸港ノ及フ所
スル者ハ造船所ノ
ニテ船渠又諸機械
輻功用ヲ觀ンガ爲
外國人ヲ問ハズ來
ルモノ一日數百人
ニ至ル故ニ各人來
便ヲ計リ數輛ノ滊
ニ東京ノ間ヲ來往
會ハ大厦高閣ヲ築
ノ左右ニ櫛ヲ列
東店ノリ妓樓アリ
ハ都テ壯麗消遊ニ
艦艇ノ摩ヲ絶タ
ハ山水ノ眺望佳ナ
故夏時ハ暑ヲ避ケ
濟シ風好ヲ愛歡ス
客モ又多シトカヤ
此ノ港内ニ造船所
立テリシハ慶應元
テ幕府佛人ウエル
氏ヲ傭ヒ以テ造船
立ノ地ヲトセシム
ニ此港タル天然ノ
ニシテ水底至ツテ
船舶モ諸ノ衆ニ適
ヲ故此ノ地ヲト定
造船所築造ノ工事
ハ慶應三年始メ
號船渠ハ
明治四年ニ至ツテ

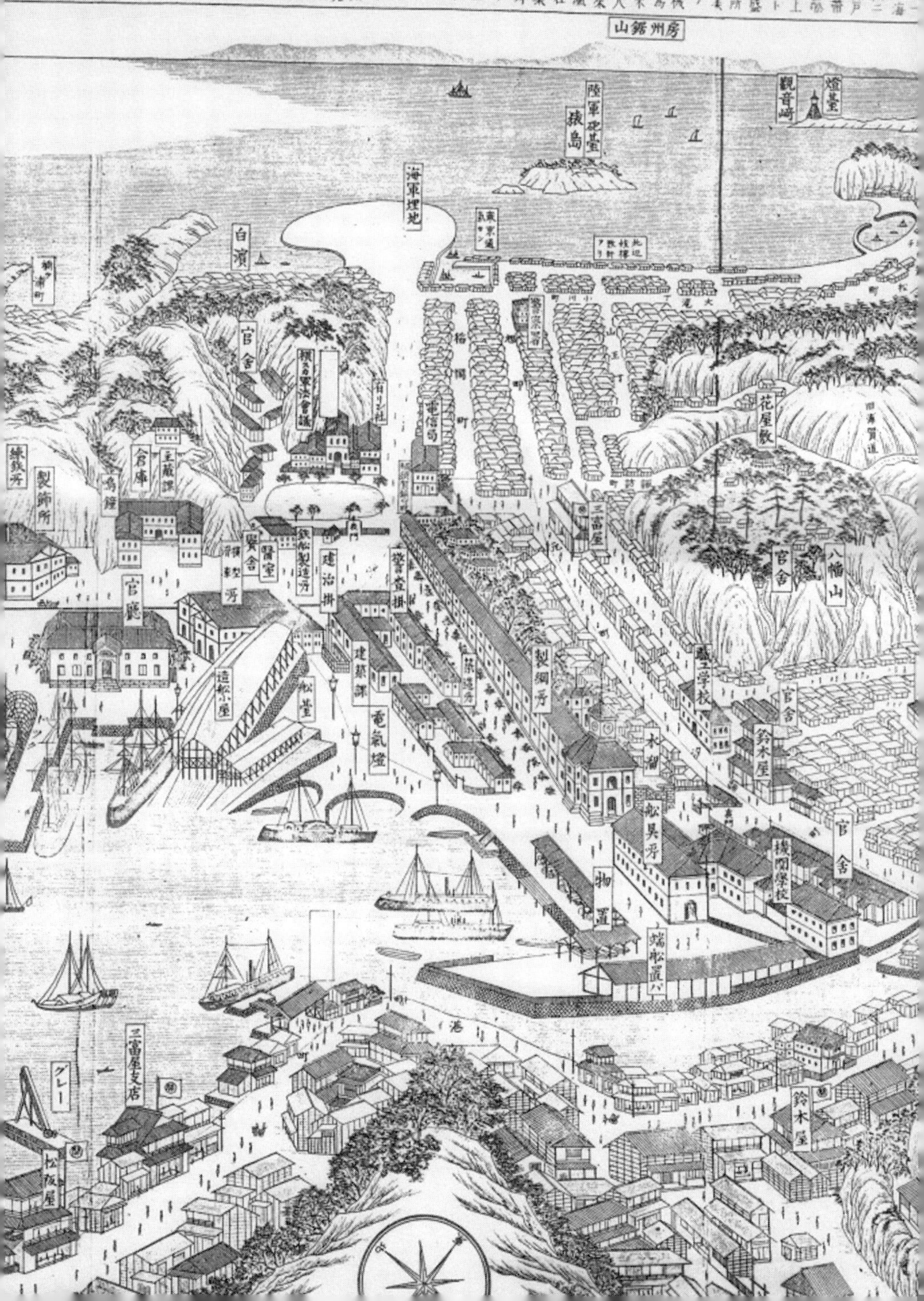

横須賀明細一覧図（図5、一八八八（明治二一）年）

図4（明治一八年）の絵地図から内容は大きく変わっていないが、下町地区の海面埋立てがさらに広がっているのがわかる。稲岡町にあったコの字型平面の港は埋め立てられているが、沖には出港する船が描かれていることから、同位置で港の機能が維持されたものと推測される。港の左側に位置する「海軍埋地」も北側へと拡大している。一方で平坂の麓にあった港は埋め立てられて消失し、陸地となっている。稲岡町の白浜海岸埋立ては一八八七（明治二〇）年、深田・米が浜の埋立ては一八八九（明治二二）年に完成しており、本図はその途中の段階を描いたものと思われる。

図4では元町通りまでだった電柱と電線が海側に延伸され、旭町から右に曲がって小川町・大滝町を経て平坂を登り、さらに浦賀方面へと続いている。海軍施設が複数設置された浦賀（図中右上）との通信が重要視されたことがうかがえる。また平坂上には監獄署（横須賀刑務所）と黴毒病院が描かれている。

本図では、図4中で造船所表門前に描かれていた建物「横スカ軍法會議」が消されて、「横須賀鎮守府〇〇地」と書かれている。横浜にあった東海鎮守府が横須賀に移るのは一八八四（明治一七）年であり、本図が描かれた時期は、ちょうど移転の時期だったようである。

図5　横須賀明細一覧図（1888（明治21）年）部分

# 横須賀

横須賀港ハ神奈川縣下相模國三浦郡ニ属スル一港ニシテ東京ヲ距ル海上十四里横濱港ノ南ニアリ戸數殆ネ四千餘戸港内玄闊四面皆山ヲ帯ビ港内水深シ大艦巨舶常ニ輻湊シテ帆檣波上ニ林立シ解纜抜錨時トシテ絶ル事ナシ其繁盛ナル遠ク諸港ノ及ブ所ニ非ス就中港内ノ美觀トスル者ハ造船所ノ構造ニテ船渠及諸機械ノ運轉功用ヲ觀ンガ爲メ内外國人ヲ問ハズ來觀スルモノ一日數百人ノ多キニ至ル故ニ各人來遊ノ便ヲ計リ船艘ノ滿船常ニ東横ノ間ヲ來往シ客舎ハ大厦高閣ヲ築キ街衢ノ左右ニ甍ヲ列ブ割烹店アリ妓樓アリ工造ハ都テ壯麗清潔ニテ日夜絃歌ノ聲ヲ絶タズ殊ニ山水ノ眺望佳ナルガ故夏時ハ暑ヲ避ケテ來遊シ風好ヲ愛翫スル雅客モ又多シトカヤ抑モ此ノ港内ニ造船所ノ設立アリシハ慶應元年ニテ幕府佛人ウエルニー氏ヲ傭ヒ以テ造船所設立ノ地ヲトセシム然ルニ此港タル天然ノ良地ニシテ水底至ツテ深ク地質モ最ノ業ニ適スル[illegible]此ノ地ヲト定

横須賀明細一覧図（図6、一八九三（明治二六）年）

図5（明治二一年）の絵地図では、造船所表門前に「横須賀鎮守府○○地」と書かれ、白抜きで消されていた部分に、本図では図4（明治一八年）中にあった「横スカ軍法會議」の建物がそのまま描かれて「鎮守府」と表示されている。

また画面下側では、既存家屋が大規模に撤去された後の空地が目立つ。稲岡町から移転し、機関学校背後の官舎跡地に建設された横須賀郵便局・電信局の向かいには、元町通りを挟んで旅館鈴木屋と市街地が広がっていたが、本図ではそれらが全て取り壊されて更地となり、板塀で囲われ、「海軍用地」と表示されている。造船所の端船置場に面した海岸沿いの家並みも一掃され、同じく海軍用地となった。日清戦争を前にして、明治二五年頃より海軍は軍艦製造に力を入れる。造船所敷地の拡張と工場の増設、工員の増加といった当時の状況が、本図には顕著にあらわれている。

図2（明治一二年）では下町地区は簡素に表現され、いかにも町はずれといった雰囲気だったが、本図では下町の町並みも他の町と同様にしっかり描かれている。一八八九（明治二二）年に鉄道が開通し、横須賀駅が完成すると、駅から湊町、汐入を経て旭町から大滝町を抜けて平坂を登り、浦賀へと至るルートが生まれ、横須賀の街全体に回遊性が生まれた。

交通の便が良くなると、造船所や陸海軍施設に関係する人たちの来町、またこれら軍関連施設との商業活動が増えて、街も活気づいてくる。中心市街地に遊興地が存在することを快く思わなかった行政によって、大滝町にあった遊郭は一八八八（明治二一）年の火事で焼失した後、翌年に上町のはずれに位置する柏木田に移された。都市中心部から排除された遊興地は都市計画上、意図的に都市周縁部へと再配置された。

図6　横須賀明細一覧図（1893（明治26）年）部分

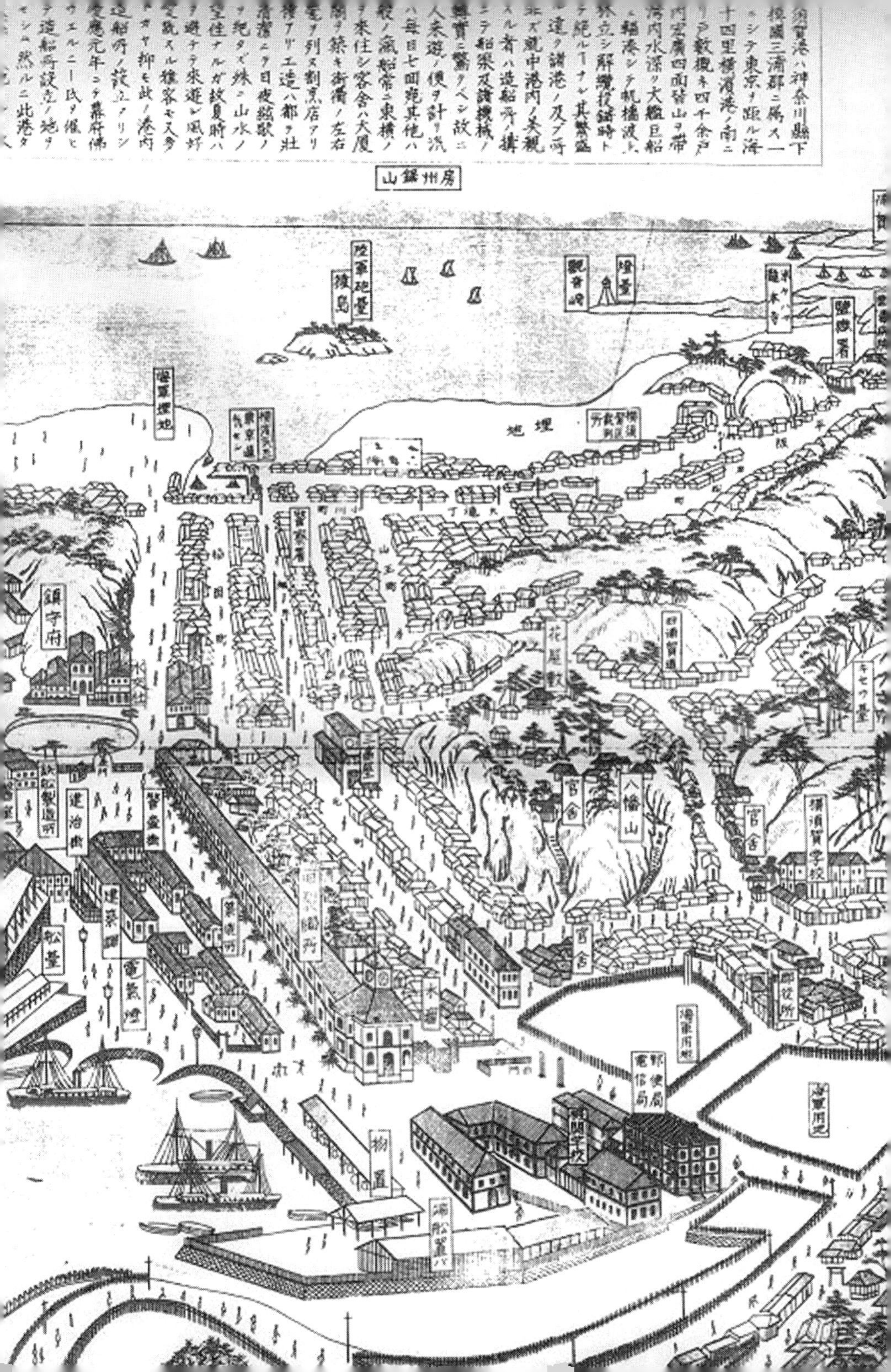

須賀港ハ神奈川縣下
相模國三浦郡ニ屬ス一
ニシテ東京ヲ距ル海
十四里橫濱港ノ南ニ
リ戶數概ネ四千余戶
內宏廣四面皆山ヲ帶
湾內水深ク大艦巨船
ニ輻湊シテ帆檣波上
林立シ解纜投錨時ト
テ絕ルコトナレ其繁盛
ハ遠ク諸港ノ及ブ所
非ズ況中港內ノ美觀
スル者ハ造船所ノ構
ニテ船渠及諸機械ノ
雄實ニ驚クベシ故ニ
人來遊ノ便ヲ計リ汽
ハ毎日七回發其他ハ
般ノ滊船常ニ東橫ノ
ヲ來往シ客舍ハ大廈
閣ヲ築キ街衢ノ左右
軒ヲ列ヌ割烹店アリ
樓アリ工造ハ都ヲ壯
宿齋ニテ日夜絃歌ノ
ヲ絕タズ殊ニ山水ノ
望佳ナルガ故夏時ハ
ヲ避ケテ來遊レ風奸
愛翫スル雅客モ又多
ドダヤ抑モ故ノ港內
造船所ノ設立アリシ
慶應元年ニテ幕府佛
ウエルニー氏ヲ傭ヒ
テ造船所設立ノ地ヲ
セシム然ルニ此港タ
房州鋸山
陸軍砲臺
猿島
觀音崎
燈臺
埋地
鎮守府
花屋敷
八幡山
官舍
横須賀学校
郵便局
電信局
物置
海軍用地
役所

## 明治期における下町の変遷

ここでは横須賀下町を描いた代表的な明治期の地図を現代の市街図（基盤地図情報、国土地理院作成、二〇一九年更新）と比較しながら、埋立てによって形成された下町地区の変遷を見ていこう。なお、各地図は方位と縮尺を等しくした上で重ね合わせている。

### 明治六年

比較対象の底本としたのは、一八七三（明治六）年にフランスで出版された銅版画の地図（図7）である。製鉄所の建物群は屋根伏で描かれ、陰影を付けて立体的に表現されている。

横須賀製鉄所の南側には、海岸へ向かって東西に延びる二本の道がある。製鉄所正門附近では道沿いの地域は暗色でぼかされ、YOKOSUKAとの表記がある。一方、図中央下の道路（後の汐留~元町~旭町）両側には建物群が小さな矩形で示されている。この違いは、海側が海面埋立てによって新たに造成された土地であり、市域が広がりつつあるものの、まだ市街地として確定していない状態を表現したものと思われる。

現代の市街図上に、明治六年の地図情報を重ねてみる（図8）。太い破線は地形及び海岸線、実線は街区及び道路を表示する。図中上部の灰色部分は、明治六年当時の海域を示す。この重ね合わせ図からは、現在の国道一六号（三崎街道）、下町地区の大滝町大通りが、当時の海岸線に従ったものであることがわかる。

海岸より東西方向に延びる二本の道路の内、南側は今日の都市組織内に現存する。汐入方向に延びるこの道路は「どぶ板通り」として知られ、本来は汐入駅前まで延びていたが、横須賀芸術劇場の建設（一九九四年）によって寸断された。図中、山側の製鉄所表門に続く道筋は大幅に拡幅され、国道一六号の一部となっている。

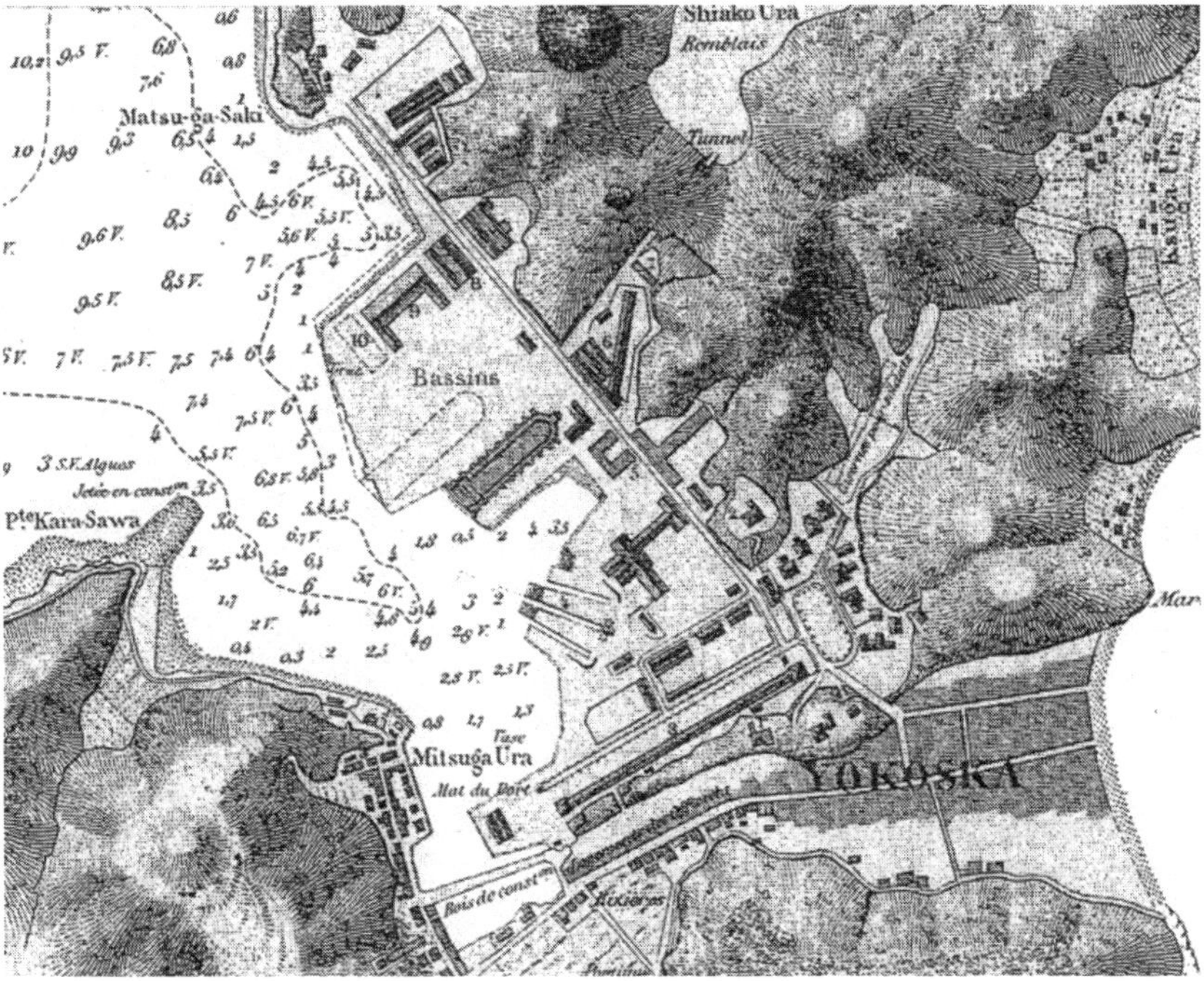


図7　フランスで出版された地図に見る横須賀（1873（明治6）年）

図8　1873（明治6）年＋ 2019 年の重ね合わせ図

明治一五年

陸軍参謀本部作成の迅速測図はフランス式の彩色地図としても知られ、美しく着彩されている。第一軍管区地方二万分一迅速測図では横須賀中心部が四枚に分割されているが、横須賀下町が描かれている図は「神奈川縣相模國三浦郡横須賀町外五村」（図9、一八八二（明治一五）年）にあたる。

図9の原図では、横須賀湾は水面を示す水色に塗られ、湾を取り囲む造船所の施設群は薄紅色に塗られている。対して一般市街地の街区は濃灰色に塗られ、街路との関係が分かりやすく表現されている。造船所敷地の外にあって、市街地に点在する複数の建物群も同様に薄紅色で塗られているが、これらは海軍関係の施設であったと思われる。

同図中には下町地区の埋立て地に、枡形の港が見える。これは横須賀の絵地図（図3以降）にも描かれているもので、当時はこの港より東京・横浜及び三崎を往復する定期船が発着した。造船所周辺は工場施設で占められており、一般市民が利用するための港をつくる余地が無いため、この下町地区に建設されたものと思われる。横須賀に鉄道ができるのは一八八九（明治二二）年であり、それまではこの港が都市横須賀への玄関口になっていた。港から造船所方向に向かう道路は、大いに賑わったことだろう。

図10は現代の市街図上に明治一五年の地図情報を重ねたものである。明治期の地図に描かれた海岸線は、今の市街図内にその形跡を見いだすことができない。海岸の埋立てが進み、大滝町大通りが旧海岸線に沿って設けられたことがわかる。大通りに面する街区の配置は、かつての海岸線に従って設定されたと考えられる。大通りの南端、海に向かって張り出した海軍用地は、山を削り海面を埋め立てて造成された。

海岸線に沿って北西に向かう道路のうち、山側の道路が直線状に改修されているが、現在の三笠ビルにあたる部分にのみ、かつての道路の形状が残されている。今日、三笠ビル附近に残る当時からの道路は幅二間（約三・六ｍ）程度である。対して、かつての海側に残された道路の幅は一間（一・八ｍ）にも満たない。明治期より山側が主たる道路であって、海側の道路は狭かったものと考えられる。

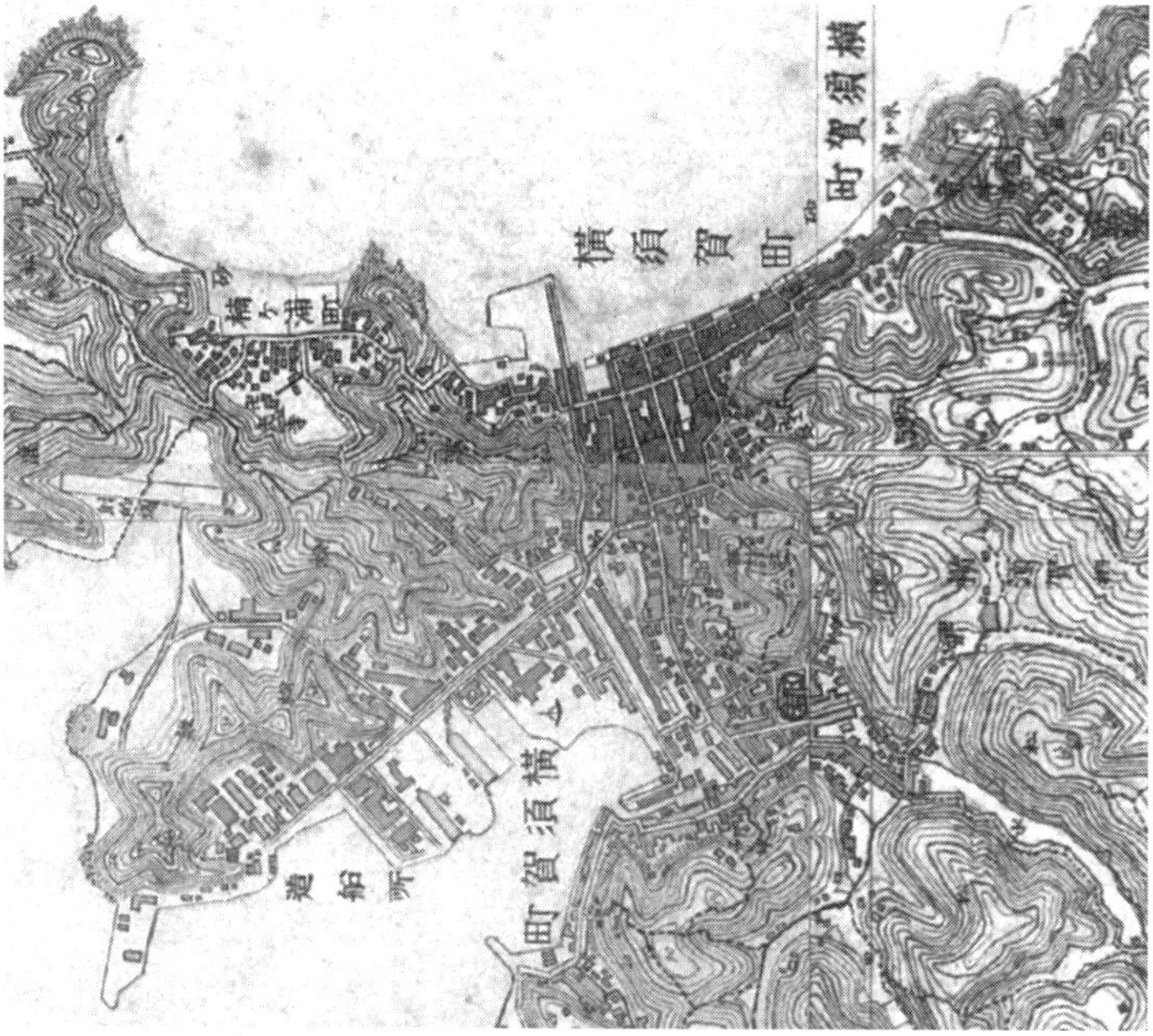


図９　迅速測図（陸軍参謀本部作成、1882（明治 15）年）部分

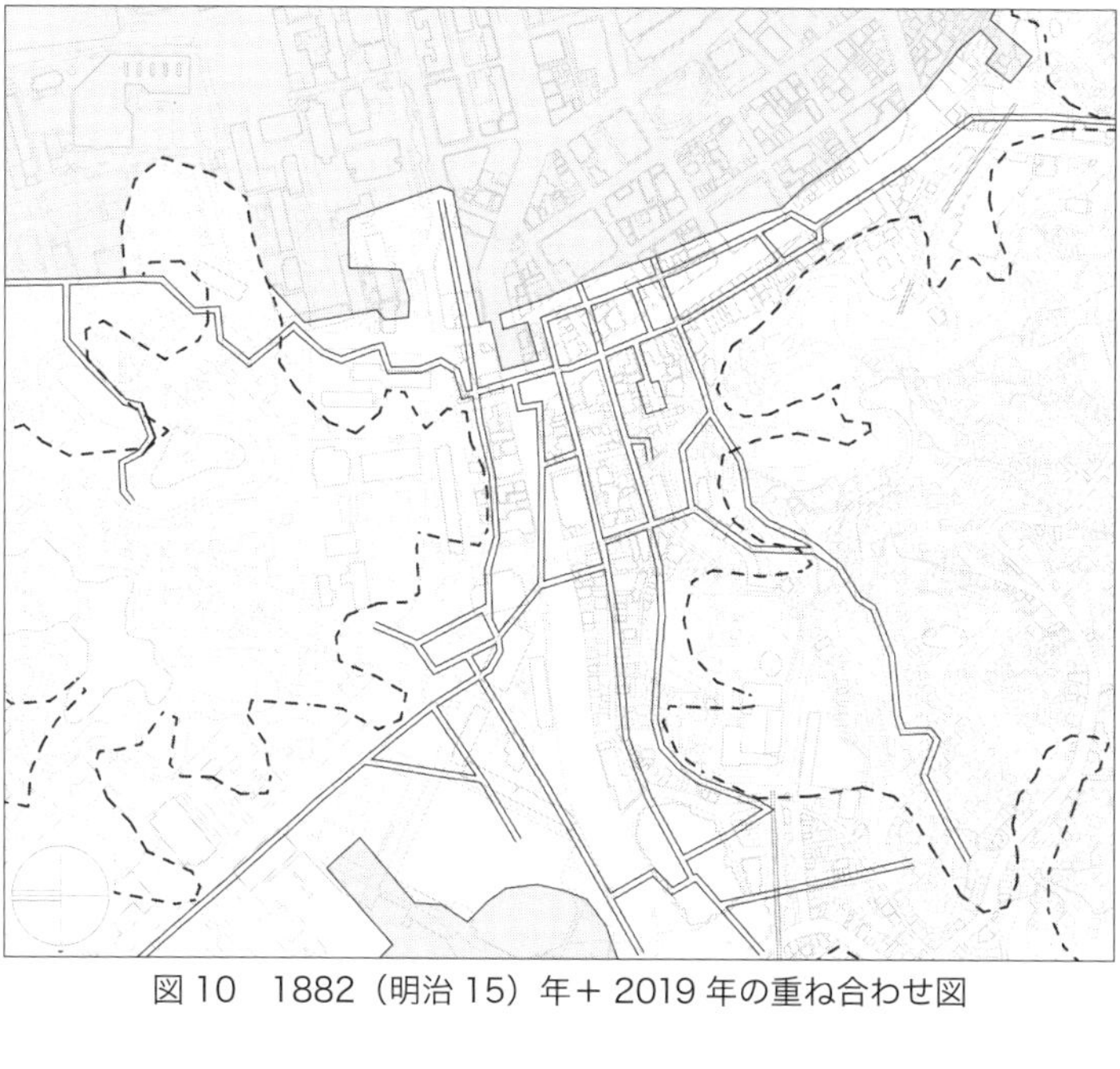

図 10　1882（明治 15）年＋ 2019 年の重ね合わせ図

明治二二年

一八八九（明治二二）年に描かれた『横須賀全圖』（図11）は、迅速測図（図9）と同様に着彩された地図であり、横須賀中心部の複雑な地形を読み取りやすい。

地図の着彩方法には、双方の地図間で若干の相違がある。横須賀造船所の工場施設群は迅速測図と同じく薄紅色に、また海軍関係施設と思われる建物は若草色に塗られているが、一般の街区には色がつけられていない。海岸線はぼかした水色で縁取られており、水面の存在を強調している。

図12は現代の市街図上に明治二二年の地図情報を重ねた図である。現在の市街地は当時の街区を取り壊して大滝町大通りが大きく拡幅されているのに対して、西側の三笠ビルの内部通路や東側の街区群の内部に、かつての道路空間が入り込んでいるのが認められる。

七年前にあたる図10と比べると、海岸の埋立てがさらに進んだ一方で、大滝町を始めとする下町地区の道路には大きな変化が見られない。稲岡町と白浜海岸の埋立てが一八八七（明治二〇）年、深田・米が浜の埋立てが一八八九（明治二二）年であることから、明治二二年の地図には海岸部の土地造成の進展状況が反映されている。このころの下町地区は海岸沿いに、北西から東南方向に向かって二本の道路があって、その間をハシゴ状に複数の道路が繋いでいた。なお本図では、下町地区の東南、平坂の麓にあった港が縮小（消滅？）されている。

明治三六年

ここでは比較対象の底本として、一九〇三（明治三六）年出版の横須賀市街地地図を挙げる（図13）。これまで下町地区は海沿いの二本の道路を軸とした構成だったのに対し、明治三六年の地図では大きく開発が進み、

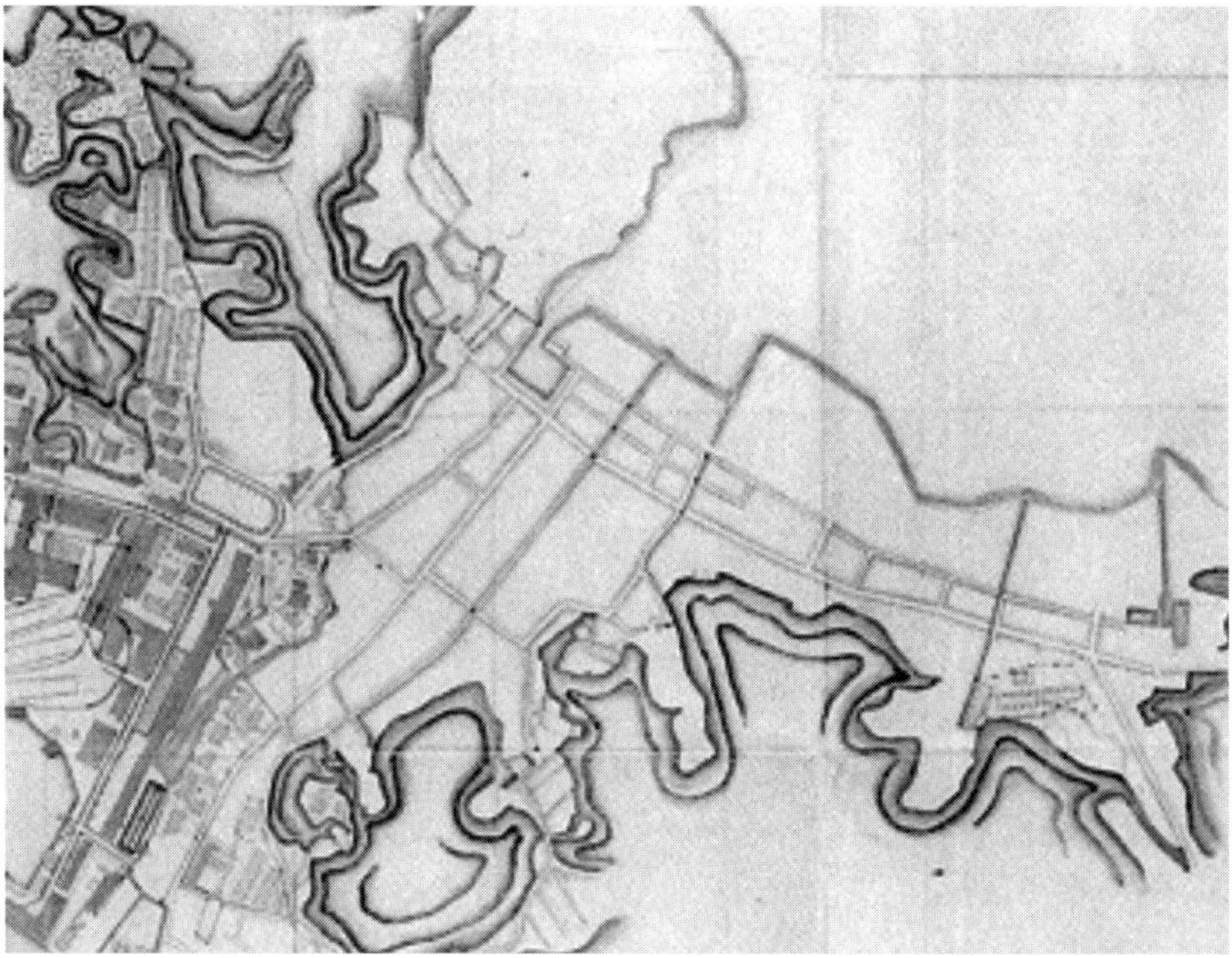

図 11　横須賀全圖（1889（明治 22）年）部分

図 12　1889（明治 22）年＋ 2019 年の重ね合わせ図

面的な発展を見せている。幕末から明治三〇年代までに横須賀造船所とその周囲及び下町地区の埋立てがほぼ完了し、現在に至る街なみが定まった。

　現代の市街図上に明治三六年の地図情報を重ねる（図14）。現在の道路区画は、関東大震災の復興事業で整備されたものである。同図より、明治一五年からの道路や、明治三六年の地図にある道路の一部が街区内部に残存することがわかる。その後、大正一〇年代から昭和二〇年代にかけてはさらに海側の埋立てが進み、戦後は小川町前の海面が埋め立てられ、一九七四（昭和四九）年には新港町が設けられた。

図 13　横須賀市街地地図（1903（明治 36 年）頃）

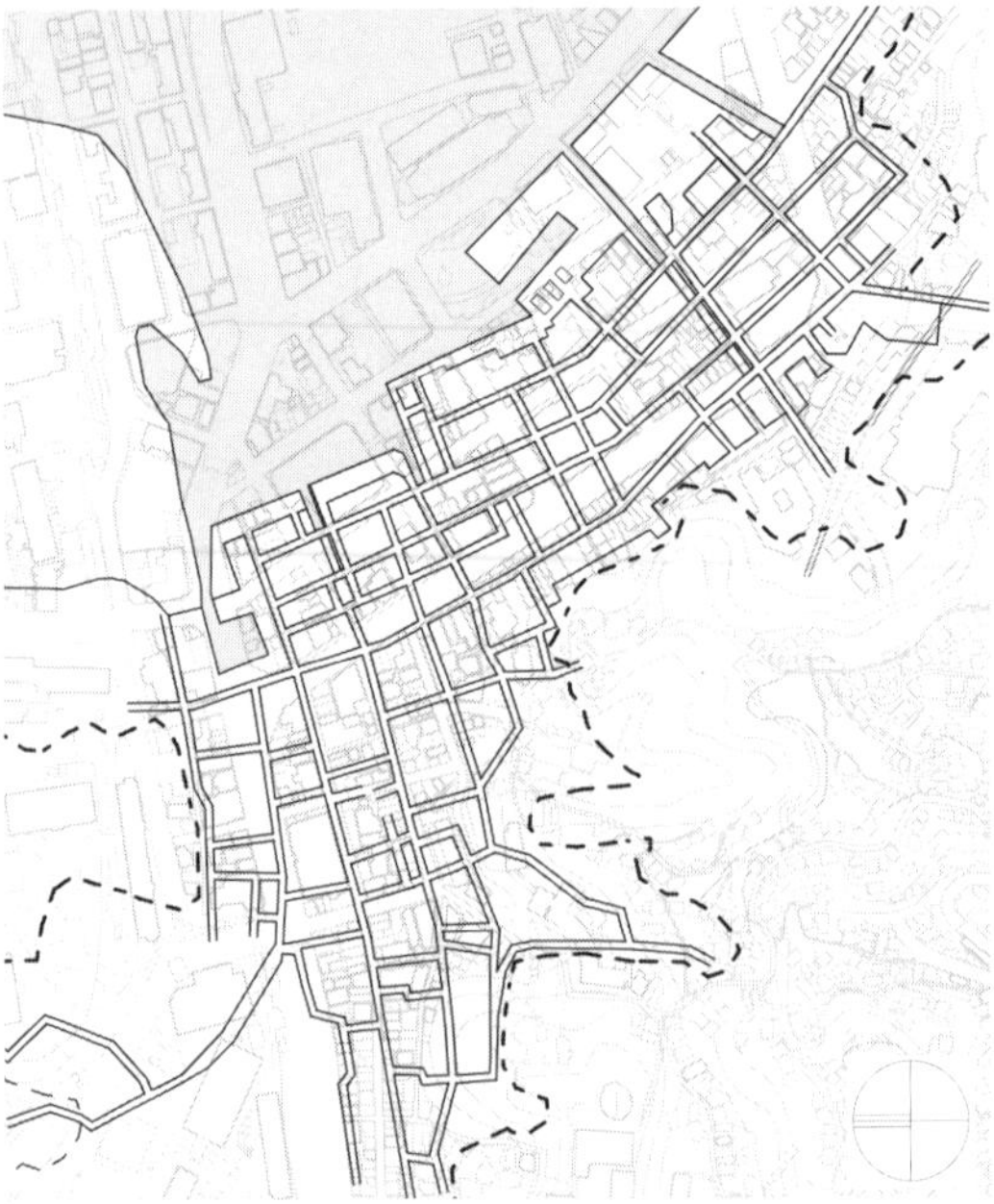
図 14　1903（明治 36）年＋ 2019 年の重ね合わせ図

## 軍港都市としての発展

### 横須賀線の開通

横須賀の拡大は一八七二（明治五）年以降、この地に海軍の諸機関、諸施設が相次いで設置されたことに始まる。造船所と鎮守府を中心に成長してきた横須賀町は、鉄道の開通を機として急速に拡張していった。

一八八九（明治二二）年六月に、横須賀線（東海道線大船駅から横須賀駅まで）が開通する。これは海軍のみならず、東京湾防衛のため観音崎を始めとする要塞整備を進める陸軍からの強い要請によるものであった。

相州横須賀ハ第一海軍区ノ海軍港ニシテ造船所武庫倉庫其他病院兵営練習艦ヲ置キ鎮守府之ヲ管轄シ艦船ノ製造修繕兵員ノ補充ヨリ兵器弾薬被服糧食等ノ供給ニ到ルマテ海軍艦船ニアリテハ之ヲ此港ニ仰カサルヲ得ス・・・・而シテ東京ヨリ横須賀観音崎ヘハ独リ海運ノ便アルノミニ神奈川或ハ横浜ヨリハ連岡其間ヲ隔テ峻坂嶮路車馬ヲ通セス陸運ノ便ナキヲ以テ平時ト雖モ風波ノ為メ輙モスレバ運輸ノ途全ク断絶シ困難ヲ生スルコト尠カラス・・・汽車鉄道ヲ神奈川若シクハ横浜ヨリ横須賀又ハ観音崎近傍便宜ノ地ヘ布設スルハ陸海両軍軍略上最モ緊要擱クヘカラサルノ事業ニシテ・・・貴社鉄道敷設ノ義至急御詮議有之度此段請閣議候也

海軍大臣伯爵　西郷従道
陸軍大臣伯爵　大山　巌

明治一九年六月二二日

内閣総理大臣伯爵 伊藤博文殿

海陸軍両大臣からの請議を受けて、鉄道建設の件は一八八七（明治二〇）年三月の閣議に諮られたが、予算面で大蔵大臣の支持を得られなかった。このため建設中の東海道線の建設費から一時流用しつつ、不足は他の財源に求めることとなり、戸塚～横須賀間の鉄道建設予算四五万円が決定した。鉄道局の調査によって地形の不利より戸塚からの直接分岐は難しいと判断されたため、戸塚停車場の西に新たに大船停車場を開き、ここから分岐して横須賀に延ばすこととなった。トンネル開鑿の難工事も克服し、一八八九（明治二二）年六月一六日に横須賀線が開通した。

鉄道開通によって交通が便利になると、造船所や陸海軍施設に通う人たちの数は増加し、市内は活気づく。この時期、横須賀駅から湊町の崖下を通り汐入を経て旭町に至るルートと、平坂を登って上町から浦賀道と法塔方面へ向かう、幅二～三間の二本の道ができた。

横須賀は近代海軍の姿を実際に目にすることができる場所として、造船所を中心とした、あたかも国威発揚のテーマパークのような行楽地として賑わった。ここには軍の意向に従って近代化が進められた、明治期の横須賀の姿を見ることができる。

### 横須賀市制の施行

幕末に建設が始まった横須賀製鉄所は明治期以降、横須賀造船所、横須賀鎮守府造船部、横須賀海軍造船廠、横須賀海軍工廠となり、重要な海軍施設としてその規模を拡張していった。また首都東京と横須賀鎮守府の防衛を任務とする東京湾要塞の建設に関連して、上町地区を中心に陸軍の関係諸施設も設置される。こうして海陸軍の城下町となった横須賀町は人口が増加し、行政区域も拡大していった。

一八八九（明治二二）年に逸見村と横須賀町が合併し、その後一九〇七（明治四〇）年に軍関係者の生活圏となっていた豊島町（上町地区）と横須賀町が合併して横須賀市が誕生する。その後も一九三三（昭和八）年から周辺の町との合併が進んで市域が拡大し、一九四三（昭和一八）年には現在の逗子市と横須賀市を含めた市域となった。

図15は明治期の横須賀の人口推移を示す。市制施行（一九〇七（明治四〇）年）以前については確実な資料が得られないため、『国勢調査以前の日本の人口統計』を参照した。同図からは横須賀町と逸見村の合併（一八八九（明治二二）年）、また横須賀町と豊島町の合併（一九〇六（明治三九）年）が、人口推移に影響を及ぼしたことが読み取れる。

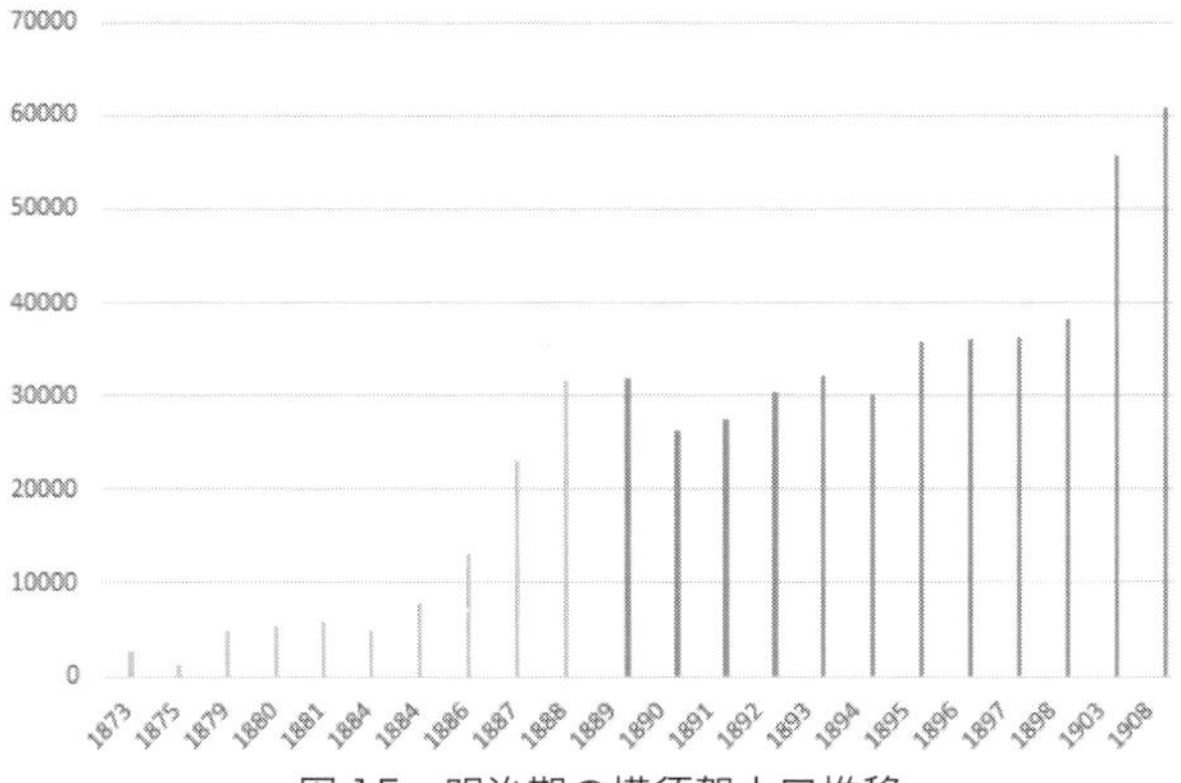

図15　明治期の横須賀人口推移

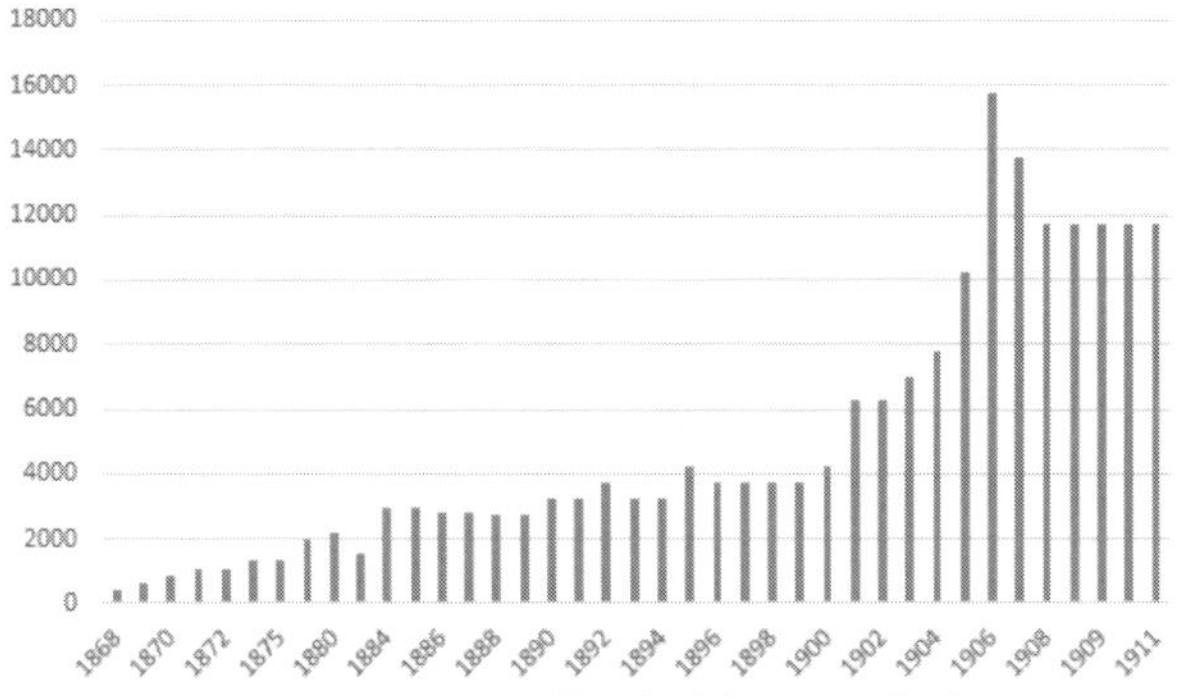

図16　明治期の横須賀造船所人員推移

図16は横須賀造船所（海軍工廠）の人員の推移を示す。同図には一九〇二（明治三五）年より工員数の急激な増加が見られ、一九〇七（明治四〇）年にピークを迎える。こうした動きには日露戦争（一九〇四～〇五（明治三七～三八）年）の影響が大である。工員数が最大となった時期は、艦船の修理に人員を要したものと思われる。明治末期（一九〇八～一九一一年）は正確な人員数の資料がないた

め、横ばいとしている。日露戦争後から第一次世界大戦までの間は全国的に不況であり、工廠人員数はその影響を反映している。

横須賀の人口と造船所の人員の推移を比較すると、最も顕著なのは日露戦争時における変動である。戦時の工廠の人員増が、横須賀の人口増に直接的な影響を与えたことが明らかである。

幕末期は小さな寒村だった横須賀は、軍の存在によって急速に近代都市へと発展していった。一方で、軍港都市としてのありようは、従来の生活者に少なからず影響を及ぼした。海軍によって規定された「横須賀海軍港規則」（一八八六（明治一九）年九月七日制定）の一部が『横須賀の都市形成 1864-1945』に掲載されている。

・港内第一区においては航海部長の許可なくして漁業を為すべからず

・港内沿岸の土地は何区を論ぜず総て鎮守府司令長官の許可なくして其形を変換し又は桟橋波止場を設く可からず

後にこの規制は一八九六（明治二九）年に「横須賀軍港規則」に改定され、この地域では沿岸部の土地形状変更に関する行為が許可制となった。同規則は埋立地の造成や漁業従事者に大きな影響を与え、生計を立てられずに工場従事者へと転向する者も多く、海軍による港の境界規定が市民生活を圧迫する面もあった。

また、海陸軍用地等の官有地は課税対象とならなかった。明治一八（一八八五）年当時の町面積一八三町のうち四九％は無税地であったという。市税収入は限られる一方で、市民である海陸軍従事者に対するサービス（教育費など）は市の負担となるため、市の財政は圧迫される。これは軍港都市の構造的特徴ともいえ、市の財政基盤は脆弱なまま続くこととなった。

横須賀市は『第一回横須賀市統計書』を一九一五（大正四）年九月九日に発行した。この統計は明治末期から大正前期にかけての横須賀市の状況を数量的に調査した、貴重な資料である。大正二（一九一三）年時点で当時の横須賀市の就業人口は一五，二四五人であり、公務員のうち九二%は海軍関係者、陸軍関係者であった。特に海軍関係者が多く、八二%を占めていたという。軍港都市横須賀の特殊性のため、統計では産業別就業人口のほかに、官業と民間業の就業人口が算定されている。官業に携わる人口と公務員を加えると八，二二八人となり、就業人口総数の過半数を超えた五四%を数える。横須賀では個人消費需要に関わる商業と、海軍工廠や海軍諸機関、諸施設の需要に依存する工業（民業）・商業が市の経済の成立基盤をなしており、特に海軍の存在にほぼ完全に依存していた。急速な発展を遂げた横須賀市であったが、市の財政事業については、軍港都市ゆえの苦しさが続いた。市の財政事情はその後も改善されず、この状況は海軍助成金の創設や、第二次世界大戦後の旧軍港市転換法の成立へとつながっていく。

一九〇〇年代に入ると日露戦争の影響により、図15に示すように横須賀は急激な人口増加を見せる。戦時に備えて、海軍工廠が大幅に人員を増やしたためである。『横須賀百年史』が「海軍拡張に伴って、計画された六六艦隊中の戦艦が、外国から回送され…横須賀に入港した。市民は心からこれを歓迎し、乗組員に銘酒二駄と柿二樽および紅白の餅多数を送り祝意をあらわした…明治三八年、対馬沖大海戦大勝利…横須賀町でも豊島町でもいたる所に喜びがあふれ、町中は国旗と軒ちょうちんの波、海兵団の軍楽隊は市内行進、各小学校児童の旗行列、夜は町民のちょうちん行列で祝いと喜びのるつぼは、これこそ、軍都横須賀ならではの情景であった」と記すように、日露戦争の勝利を熱烈に歓迎する横須賀市民の姿があった。

日本海海戦において、ロシアのバルチック艦隊に完全勝利した日本海軍の名声は世界に広まった。これを支えたのは艦のメンテナンスが行き届いており、艦隊の機敏性や操作性が向上したためとも言われる。連合艦隊長官の東郷平八郎は日本海海戦後、横須賀製鉄所開設の功労者でありながらも明治政府から反逆者とされた小栗上野介忠順の遺族を前に、「このたびの勝利は、造船所の技術があったからにほかならない」と感謝の意を表したという。日本海軍の勝利を影から支えたのは、横須賀海軍工廠の技術力であった。

日露戦争後は全国的な不況に陥るが、まもなく第一次世界大戦による戦争景気が訪れ、大正前期の横須賀は海軍工廠を中心として、都市施設が整った近代都市へと変貌していく。『横須賀市史』は当時の状況を「第一次世界大戦の勃発により、本市では海軍工廠を中心として…重機械工業が盛んとなり、それに伴って工廠従業員も全国から集まり市の経済も潤いを見せた」と記している。

軍需景気に伴って、大滝町や小川町は軍港都市の生活者達が楽しむ歓楽街として繁栄する。特に大滝町は、宅地の坪単価が一〇、九三五円と、下町の平均地価の約倍となる最高額を示し、繁華街の中で最も価値ある地域となった。

『第一回横須賀市統計書』によれば横須賀市の人口は一九一三（大正二）年において七一，五一一人とされ、国内で二一番目の都市となった。軍港都市横須賀は、我が国の大都市の一つとして内外から認識されるようになる。市内の上水道や電気・ガスの供給開始、道路整備や公共施設の建設など、都市基盤整備は明治後期から大正期にかけて着々と進められていった。

また市外からの観光客が増加するにつれて、街の案内記や名所の写真帖など、横須賀を紹介する書籍各種が発行された。『横須賀案内記』（一九一五（大正四）年）は横須賀開港五十年祝賀会によって編纂された、横須賀を訪れる観光客向けのガイドブック風の冊子であり、街の繁栄ぶりを以下のように紹介している。

「内灣に沿ふた内横須賀に恰も昔しの武家の屋敷町と言ったような格で、軍人職工其他俸給で衣食する種類の人が主として町の基礎を固めて居る、之に反して外横須賀は眞個の町屋らしく重に商家を以って町を構成して居る…大瀧町が殆んど横須賀市の繁華をあつめたと見える程、目抜きの場所となって居るのは、地理的に市の中心をなして居るのと、久しき以前から遊び場所となって居たのが原因であらう。」

ここでいう「内横須賀」とは、現在の汐入駅周辺からどぶ板通り（当時の町名で元町、諏訪、旭町、山王あたり）を指し、「外横須賀」は現在の下町地区（当時の町名で小川、大滝、若松）を指している。「内横須賀」つまり海軍工廠の周辺は官庁街的な区域であること、対して「外横須賀」の下町地区は商業地域、繁華街として賑わっており、大滝町の通りがその中心であったことがわかる。

また当時横須賀中学校の教諭だった綾部虎治郎による著作『横須賀研究』（一九一七（大正六）年）は、横須賀市の沿革、市街地の状況、名所旧跡の紹介など、横須賀の全容を幅広く紹介している。

「横須賀は遊覧地である。學生の見學すべき處が頗る多い。…數日位の見學では、到底其の眞想を把促することはできない…爲に、書き綴ったものである」「横須賀に來て見物する所は軍港である…我國海軍の盛大なるを思はしめ、國運の旺盛なるに感喜し、思はず帝國萬歳を三唱せしめるのである。」

こうした記述からも、当時の軍港は市民に対して開かれた施設であったことが読み取れる。明治・大正期の横須賀市民は、自分たちの街が軍港都市であることに誇りを抱いていたのだった。

## 大火による被害

横須賀は明治期より、何度も大火に見舞われてきた。表2は横須賀市内における主な災害被害を示す。

明治・大正期より急速に成長した横須賀の中心市街地は、軍施設や官舎などの施設を除いて、昔ながらの木造家屋がそのほとんどを占めていた。工廠内やその周辺一帯は官庁街的な性格が強く、広い敷地内にゆとりをもって建つ立派な建築物もあったが、下町地区は繁華街・遊興地として半ば自然発生的に形成されたため、瓦屋根の建物は少なく、ほとんどが木造板葺の民家だった。このため飲食店が密集する同地区は火災が起きる度、その被害も大きく、容易に大火へと発展した。

一八八八（明治二一）年一二月三日に大滝町で起きた大火では遊廓一八戸が焼失した。翌年の明治二二年には、遊廓移転が問題となっていた最中に再び火災が起こり、湊町、汐入町を中心に三六二戸が全焼する。一九〇九（明治四二）年五月二三日には西南からの強風に煽られて、下町の約四割が灰となった大滝町・若松町大火が発生し、繁華街を中心として約六〇〇戸が焼失した。

明治期から度々起こった大火は、丘陵と海に挟まれた埋立地の下町地区全域をその都度、焦土と変えた。後に第二次世界大戦後に行われた横須賀のまちづくりにおいても、防火への対策が入念に取られたことの原点を、ここに見ることができる。

表2　明治期から昭和期にかけての横須賀市内での主な災害

| 年 | | 災　害 | 概　要 |
|---|---|---|---|
| 1888 | M21 | 造船所大火 | — |
| | | 大滝町遊郭火災 | 遊郭18戸焼失 |
| 1889 | M22 | 湊町・汐入町大火 | 全焼362戸、半焼5戸 |
| | | 横須賀大火 | 839戸焼失 |
| 1909 | M42 | 若松・大滝町大火 | 焼失600戸 |
| 1923 | T12 | 関東大震災 | 総戸数16,315戸のうち<br>焼失4,700戸、全壊7,227戸、<br>半壊2,514戸 |
| 1932 | S7 | 佐野町火災 | 75戸焼失 |
| | | 暴風雨襲来 | 全潰18戸、半潰49戸 |
| 1933 | S8 | 中里町火災 | 12戸焼失 |
| 1934 | S9 | 大楠山大火 | — |
| 1949 | S24 | キティ台風 | 全潰23戸、半潰193戸 |
| 1950 | S25 | 追浜小学校 | 14教室焼失 |
| | | 県営住宅衣笠荘火災 | 大規模火災 |
| 1955 | S30 | 大滝町大火 | 大規模火災 |
| 1956 | S31 | 船越小、長浦小 | 火災 |
| 1960 | S35 | 衣笠病院出火 | 死者16人 |
| 1961 | S36 | 集中豪雨 | 死傷者約30人、全壊約100戸、<br>浸水約4,200戸 |
| 1962 | S37 | 市横須賀病院出火 | 本館など主要部焼失 |

## 軍縮による影響

一九〇七（明治四〇）年に市制を施行した横須賀市は、そのスタート直後に第一次世界大戦（一九一四～一九一八（大正三～七）年）による戦争景気と戦後の経済不況の影響を受ける。

戦時中に膨れ上がった日本の経済活動は大戦後、欧米の経済復興に伴って大幅な見直しを余儀なくされた。大量の輸出が出来なくなった上に、軍備の近代化などによる輸入が増加した。日本も参加する国際連盟も軍備縮小の方向にあり、経済膨張の原因である軍事費の削減が求められた。こうした背景より一九二二（大正一一）年、米国主導によるワシントン条約（軍備縮小条約）が調印される。国際会議によって、英米日の主力艦の保有量比率は5：5：3に定められた。

このワシントン軍縮条約を受けて、日本海軍は予定していた艦船の建造中止や保有する主力艦船の廃棄を決定する（第一次軍縮）。廃艦予定には日露戦争時の連合艦隊旗艦、戦艦三笠も含まれていたが、歴史的記念物として残したいとの熱烈な保存運動が高まった結果、戦闘に参加しない記念艦としての永久保存が認められ、一九二六（大正一五）年に横須賀港の岸壁に固定された。その姿は、三笠公園内で今なお健在である。

軍縮条約に従い、横須賀海軍工廠においても一九二二（大正一一）年より段階的に規模の縮小及び人員整理が行われ、計四，四八四名の工員が解雇された。軍関係者の存在に支えられた横須賀市の経済活動にとって、海軍工廠の従業員数の大幅な減少は、少なからぬ影響を及ぼしたことだろう。また軍拡時代は残業も多かったが、定時勤務になると収入も減る。海軍関係者の購買力の減少は、市内に不景気をもたらすこととなった。横須賀市の人口も大正一一年の八七，二〇九人から翌年の大正一二年には七八，六四二人に減少している。しかし大正一二年の調査は関東大震災直後に行われたものであり、人口減少は海軍工廠の人員整理だけでなく、震災の影響も大きかったとも考えられる。

一九三〇（昭和五）年、ロンドンで開かれた海軍軍備制限会議では補助艦についての協定が結ばれ、対米比で大型巡洋艦10：6、軽巡洋艦10：7、駆逐艦10：7、潜水艦10：10の保有割合が決められた。翌昭和六年にロンドン海軍軍備制限条約が公布されると、横須賀海軍工廠もその影響を受ける（第二次軍縮）。人員整理による退職者一，八三七人を出した他、残った八，〇〇〇人余の従業員も、五月下旬に行われた官吏減俸の断行に伴って賃金ベースが引き下げられた。工廠従業員の減少と収入の低下は、非常な不景気の原因となった。横須賀市の人口も一九三〇（昭和五）年の一一〇，六四五人に対して、一九三一（昭和六）年は一一〇，一六六人と僅かに減少している。この時期に見られる人口の変動もまた、軍縮による影響といえよう。

昭和の初め、激動の時代が訪れる。一九三一（昭和六）年の満州事変、一九三二（昭和七）年の五・一五事件、一九三三（昭和八）年の国際連盟脱退後、日本は一九三四（昭和九）年にワシントン条約の廃棄を通告する。国際社会の中で孤立し、軍部の発言力が増す中、横須賀海軍工廠の人員は昭和一〇年代から急激に増加する。その後も一九三六（昭和一一）年にはロンドン軍縮会議脱退、二・二六事件と続き、一九三九（昭和一四）年には第二次世界大戦が勃発する。日本は一九四一（昭和一六）年に米英に対し宣戦布告し戦時体制を強化、軍需拡大の中で海軍工廠の工員が増強されると、市の人口も増加する。しかし一九四五（昭和二〇）年の終戦によって海軍工廠が廃止された後、一転して横須賀市の人口は激減した。

このように軍縮と横須賀海軍工廠の人員及び横須賀市の人口の推移には、ある関連が見いだされる。国策による軍縮は海軍工廠の人員削減につながるが、横須賀市の人口減少に対しては、さほど影響していない。その要因の一つとして、海軍工廠の規模拡大と増員で横須賀市内に移り住んだ工員やその関係者が、海軍工廠の人員整理にあっても簡単に市外に転出することが少なかったためと推測される。

第一次世界大戦の後は戦後の不況、またさらに第一次軍縮、震災恐慌、金融恐慌、第二次軍縮と続く中で、軍需に依存していた横須賀市の経済は大きな影響を被ったはずである。しかし『新横須賀市史』は市の経済は大きな打撃を受けたとしながらも「（第一次大戦後）横須賀市の動向はこのなかでさほど目立っていない」と述べている。

同市史掲載の「横須賀市・神奈川県における預貯金額の指数（大正一〇～昭和八年）」によると、商業的性格の強い当座預金額（市）は、第一次軍縮期（大正一一年）に顕著に落ち込むものの、昭和五年の第二次軍縮期においては、神奈川県の大幅な落ち込みに比較しても、それほど大きくない。また預金総額については横須賀市の増加傾向が著しく、特に昭和恐慌（一九三〇～三一（昭和五～六）年）以降、神奈川県全体の落ち込みに対して、横須賀市は増加を続けている。

その理由について『新横須賀市史』は、市内本社の業種は商業優位の傾向であり、零細な企業が多く、軍納のための商社や御用商人が多いことを指摘している。こうした現象は、軍需で支えられた軍港都市・横須賀独自の傾向といえよう。軍縮による不景気感が漂う一方で、国や軍が市内の不況対策として、公共的な立場から受注件数を調整していた可能性すら考えられる。いずれにせよ、ここには軍部、特に海軍の意向が市の経済や市民生活にプラス面でもマイナス面でも大きな影響を及ぼす「軍都」の姿が如実に表れている。

第二章

# 震災復興と下町地区のまちづくり

## 関東大震災の被害と復興

### 震災前の下町地区

焼失六〇〇戸を数えた若松町・大滝町の大火（一九〇九（明治四二）年）から復興し、下町地区は横須賀市の中心的な繁華街として復活していた。明治期以降の数度にわたる埋立てによって形成された下町地区は、必要に応じて自然発生的に発展した地域であった。

図17は関東大震災以前の大滝町通りを写した写真である。現在のさいか屋前あたりに相当し、大滝町通りが湾曲していた様子がわかる。下町の狭い街路の両側に建ち並ぶ建物は、その多くが木造板葺で、道路を挟んだ両側の商店は朝起きて雨戸を開けると、ごく自然に挨拶を交わしたという。このような下町地区は、ひとたび火事となれば大被害の憂き目に遭ってきた。左側に建つ大きな建物は、レンガ造二階建の横須賀郵便局である。

こうした街なみを改善すべく、横須賀市でも一九一九（大正八）年四月に公布された都市計画法に則って、同法に基づく都市計画の実施が検討された。

### 関東大震災の被害

一九二三（大正一二）年九月一日、関東大震災が発生する。関東地方に猛威をふるった大地震は、横須賀にも多大な被害をもたらした。市内では多くの家屋が倒壊し、明治・大正期にかけて築かれてきた都市基盤施設の多くが失われた。

表3は関東大震災における被害状況をまとめたものである。横須賀市内の主な被害状況は死者七〇七人、負傷者六八四人、倒壊建物八，三〇〇棟（五〇．七％）、焼失建物四，七〇〇棟（二八．七％）であった。

図 17　関東大震災以前の大滝町通り（大正初期）

明治期以降、丘陵を削り、海面を埋め立てて建設されてきた横須賀市中心部では、地震の揺れによる建物被害が多発し、崖地では法面が崩壊した。燃えやすい木造建物が密集する下町地区などの市街地では、特に火災による被害が大きかった。

「午前一一時五八分、突如として大地震が起こった。全市民を恐怖と驚駭の淵に追い込んだ。…各所から火を発して火は風を起こしたが、消火する水もなく…ようやく海陸軍の出動が見られ破壊消防が行なわれ、どうやら翌二日午後五時ごろ鎮火することができた」（横須賀百年史）

「近所の方々約八百人、狭い境内はおろか地震で倒れた墓石の上まで、ゴザを敷きつめて一時の難をしのいだ…お施餓鬼の寄進米が八百袋（一袋大体一升位）あり、当座の繋ぎに無我夢中でこの米が底をつく頃、連合艦隊が小川港沖に救援物資を積んで到着」（大滝町会創立五十周年記念誌）

とあるように、大震災直後に発布された戒厳令の下、軍による救援活動が行われた。

図18「横須賀市震災要図」は、横須賀中心部における関東大震災の被害を示したものである。汐入から下町地区を経て米が浜に至る海沿いの地域は、焼失家屋を示す朱色一色に塗

表３　関東大震災における横須賀市の建築物の被害

| 市町村 | 総世帯数 | 倒壊（件） | % | 焼失（件） | % | 損害額（万円） |
|---|---|---|---|---|---|---|
| 横須賀 | 16381 | 8300 | 50.7 | 4700 | 28.7 | 1108.7 |
| 田浦 | 3903 | 468 | 12.0 | - | - | 120.3 |
| 浦賀 | 4181 | 1169 | 27.9 | 131 | 3.1 | 380.7 |
| 久里浜 | 720 | 152 | 21.1 | - | - | 42.2 |
| 衣笠 | 852 | 22 | 2.6 | - | - | 10.9 |
| 北下浦 | 668 | 167 | 25.0 | - | - | 55.0 |
| 長井 | 898 | 124 | 13.8 | - | - | 34.0 |
| 武山 | 434 | 434 | 23.8 | - | - | 21.9 |
| 大楠（西浦） | 937 | 937 | 15.2 | - | - | 36 |

られ、同地域が全焼したことを示す。深田の高台にあった海軍病院は全焼したが、震災直後には海軍機関学校の焼跡に応急病院が仮設された。上町にあった陸軍施設では比較的損傷が少なく、避難民の収容所を示す◎印が多く付けられている。震災直後の市街地の様子（図19・20）を見ると、木造家屋はそのほとんどが焼失し、レンガ造・石造の洋風建築は倒壊している。

### 横須賀市復興會の設立

横須賀市の震災被害は、東京や横浜と同等あるいはそれ以上であった。明治四二年の大火から立ち直ったばかりの下町地区は、再び焦土と化した。

一九二三（大正一二）年一〇月八日「自然の暴虐を征服して、近代都市横須賀を建設せよと、復興の旗印の下に一大英斷を以て横須賀市百年の大計を確立することになり」という決意のもと、「横須賀市復興會」が組織された。復興會の活動をまとめた『横須賀市震災誌附復興誌』（以下、復興誌）の冒頭に「（横須賀市が）近代都市として、又は東洋一の軍港市として、曲りなりにもそれに相應しい施設を形ち造ってきたのは震災後である…其の當時の横須賀市は、都市らしい施設も無ければ市街の主要道路でさへ、實に狭隘なるものであった…俄然面目を一新するべき時が來た。即ち此の大震災を機會に一大區劃整理を断行することになったのである」とあるように、復興會は大震災を、大きな犠牲ではあったが、将来のまちづくりのために益する一つの機会と捉えていた。

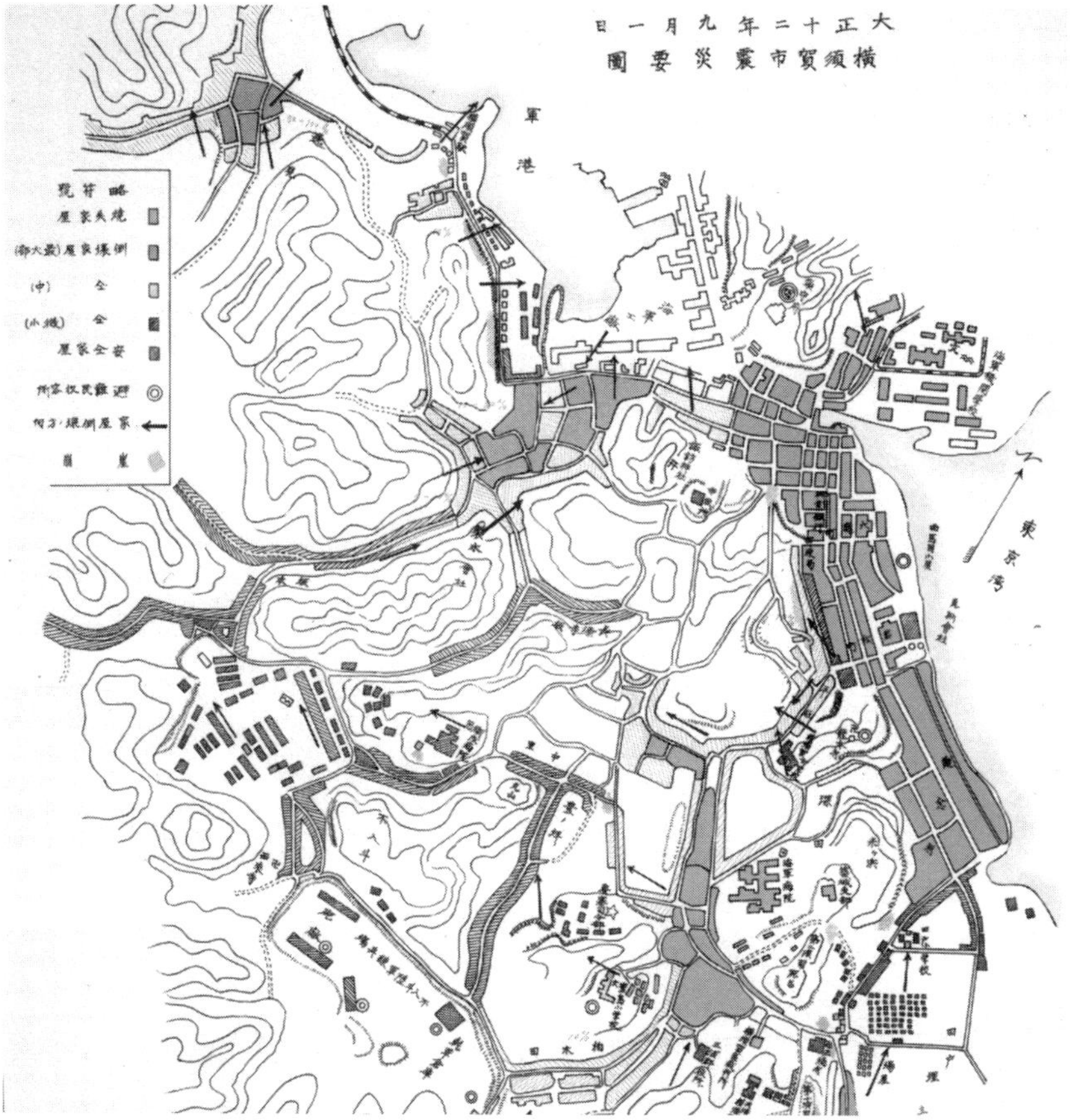


図 18　横須賀市震災要図（1923（大正 12）年）部分

図 19　震災直後の若松町・大滝町

図 20　震災大火後、諏訪公園より見た市街

震災当時は市長が空席であったが、復興のため一〇月九日に前市長の奥宮衛が復職し、同時に復興會会長にも奥宮が就任した。復興會の顧問には戒厳令司令官 野間口兼雄大将（鎮守府司令長官）、海軍工廠長 藤原英三郎中将、東京湾要塞司令官 福原佳哉 陸軍中将、小泉又次郎代議士らが就任し、横須賀の震災復興計画は軍の色濃い影響下にあった。

第一回会合は余震が続く大正一二年一〇月八日、深田台の横須賀高等女学校にて、ろうそくの火を囲んで開催された。災害直後の短期間で組織された復興會は、総勢八〇名に上る大規模な委員会であった。

横須賀市復興會は「横須賀市ノ復興ニ関スル必要ナル施設ヲ調査研究シ之ガ実行ヲ期スル」を目的とし、会長を市長として総務と計画（市財政や事業都市計画、港湾埋立て・運輸交通、通信・商工業・金融の各委員部）の二部を設け、復興に関する必要な諸施設を調査研究し、これを実行する計画を立案する組織であった。この復興會で成案となった下町地区の区画道路の復興計画は、その後の横須賀中心市街地の骨格となった。

## 震災復興によるまちづくり

### 都市計画と区画道路整備事業

震災の前、横須賀市では都市計画法に基づく都市計画の実施が検討されていた。しかし『新横須賀市史』が記すように「市は、震災前から内務省に、大正八年に制定された都市計画法の施行を申請していたが、震災のため中断せざるを得ず、復興事業の推進と併行してその策定が重要な課題となった…大正八年に県庁内に設置された横須賀市施設計画調査会の動きを受け…その後一五年末「交通、衛生、保険、経済状態の詳細なる調査書」を内務省に提出し…（昭和）三年一月ようやく本市に都市計画法が適用される…四年六月都市計画区域が決定された」とあり、都市計画法に基づく都市計画は、震災をまたいで昭和初期に至る作業となった。

震災前の横須賀の都市計画は、横須賀市臨時市是調査委員会（一九一〇（明治四三）年）と横須賀施設計画調査会（一九一八（大正七）年）の二度にわたって検討されている。前者は市制施行を機に進められたが、一九一一（明治四四）年に市長が退任し頓挫した。後者は委員長が神奈川県知事であり、当時の基礎案が震災復興の下地となったといわれる。しかし横須賀施設計画調査会は都市計画区域や地域制などの方針を示すものの、下町地区の道路計画には触れていない。

震災後、復興會が組織される以前の九月八日に、林市長職務管掌から戒厳司令官の野間口に対して、災害を機会として交通不便な市内道路を整理した「別紙図面案」が通知されている。震災後の混乱の中で、一週間という短期間の内に、白紙の状態から計画図面を作成するのは不可能と思われる。たとえ図面がこの短期間に作成されたものであっても、震災前に相応の案が用意されていたのかもしれない。

また九月一二日、市は県知事に対し「横須賀市の道路は一定の計画でつくられていない。これを機会に国県市道の拡張と区画の整理を行いたい」と稟申をなし、一八日に県内務部長から同意の回答を得ている。また震災復興においては都市計画指定が不可欠と判断されたため、一〇月一一日に市長は県に対し「都市計画指定地の儀に付請願」を行った。都市計画法適用に関する上申には、都市計画に関して調査または検討中の事項が説明されている。

一九二三（大正一二）年一〇月二五日、復興會でも「諸種の點より見て前述の都市計畫法を適用することが妥當であり、市をして同法の施行區域たる指定市たらしむることが最も便益である」との意見を得て、都市計画法施行の促進と、主に道路計画について具体的な案が策定された。しかし震災前後の下町地区については図面が見つかっておらず、同地区の街区や道路線の当初計画の詳細は不明である。

横須賀市では震災後の一九二八（昭和三）年一月一日に都市計画法施行の指定、四月一日より市街地建築物法（現在の建築基準法の前身）が適用された。一九二九（昭和四）年六月八日には都市計画区域を決定、同五年一〇月一八日に都市計画地域を決定、同六年七月一七日に都市計画風致地区の決定、同九年七月一六日に都市計画街路の決定がなされ、横須賀市の都市計画が定まった。

「大正八年春、都市計畫法が發布された當時、本市はまだ何等の新施設も無ければ、之れといふ成案もなかったが、やがて本市も此の都市計畫法を適用されることを豫知して、豫め之が調査を進めたものである。ところへ彼の大震災があり…當時調査しておいた腹案が此の時になって早速役立った」（復興誌）とあるように、横須賀市は都市計画法の施行を目指して道路整備を含む都市計画調査を進めていたが、申請前に震災を受けたため、市街地の道路整備はその復興事業として行われた。

「横須賀は…総合的な計画なしに発展してきた街であった。海からすぐ崖がそびえ、谷戸の多い地形により、道路は狭く不整形かつ不便であった。当初、丘陵部の開削は困難であったため、市街地は埋立によって海岸沿いに発展していった。大正一二年震災復興計画において初めて、道路整備及び区画整理がなされ、今日の市街地の構造が出来上がった」（北沢・福島、二〇〇三）と記されたように、現在の下町地区の区画道路は復興會の計画に基づいて整備された。『復興誌』が「市より提出の道路改正案に對し、僅かに鎮守府前道路三十間幅を二十間に更生した外他の全部を容認し」と記すように、横須賀市復興會から提示された道路計画のほぼ全てがそのまま実行された。

道路改修の資金については「（大正）一二年一〇月一一日に至り都市計画法による地域の指定を請願する一方、道路改修についての国庫補助および資金融通方を内務大臣に申請し…道路資金は国道分二，二四一，〇〇〇円、県道分九六八，〇〇〇円、市道分一，五〇一，〇〇〇円、合計四，七一〇，〇〇〇円の融資の承認を得た」（横須賀百年史）とあるように、復興會を中心として市が国や県へ積極的に働きかけて資金調達を行った。この道路整備事業は他都市（たとえば横浜市）のように権利変換を伴う区画整理事業によって行われた形跡がなく、国、県及び市の資金による事業であった。

震災直後に行われた道路整備の「強引さ」には、この事業が都市計画法や区画整理法によるものではなく、後述するように、市の復興を急ぐ軍が関与する用地買収が背景にあったものと推察される。

## 海陸軍と市民の動き

軍港都市横須賀の震災復興事業は迅速に進められた。東京や横浜など復興を目指す各都市では、震災被害を機会として、都市計画法や区画整理法に基づく事業による市街地整備が行われた。例えば横浜市では「土地区画整理事業は、焼失地域が九二万坪とその殆どを占め…横浜市の都市形成にもっとも影響が大きかった」（港町・横浜の都市形成史）とされる。

これに対して横須賀市では、区画整理法に基づく市街地整備や権利変換による道路整備が行われないまま、市街地における区画道路の拡幅整備が進められた。その背景には恐らく海軍の影響があり、用地買収による道路整備として行われたと考えられる。

復興事業における国庫補助金の申請や復興會の組織について、軍の関与があったことの間接的な資料はあるものの、軍との関係を示す直接的な記録や具体的な書類などは見つかっていない。震災当時は政争により市長及び助役は空席であったが前述の通り、前市長の奥宮衛が復職して横須賀市復興會の会長に就任し、また復興會の顧問には戒厳令司令官野間口兼雄大将らが就任した。この間の経緯について復興誌は「ここにおいて□然として目覚めた市會の先輩三上文太郎大井鐵丸の兩氏は、過去の政□的感情を清算一掃して熱灰の街頭に起ちて堅く握手し、協力一致して…一議に及ばずして、前市長奥宮氏を推す事に決定した」と述べている。

奥宮衛（一八六〇～一九三三年）は、高知県（土佐藩）出身の元海軍軍人で、軍艦「松島」の艦長として日露戦争ではバルチック艦隊と戦った人物である。海軍少将を務めた後、後備役時より一九一七～一九二四年までの七年間、横須賀市長を務め、震災復興に尽力した。

関東大震災は横須賀鎮守府や海軍工廠の各施設にも大打撃を与えたが、お膝元である横須賀市街地の復興もまた、海軍にとって重要な問題であった。市内各所に分散していた海軍施設は震災で破壊された。復興計画ではこうした諸施設を鎮守府周辺に集約させるべく、当時の海軍用地内に残る民有地と、周辺の一般市街地内の軍用地との土地交換事業（稲楠《とうなん》土地交換）が行われた。同事業に見るように、震災を機に海軍が横須賀を軍港都市にふさわしく、より機能的な市街地へと復興させようと目したことは、自然な成り行きであった。

このような背景の中で海軍の影響下、震災後の市長の復職及び復興会顧問の人選などが進められたと考えられる。都市計画法の適用以前であったにせよ、震災後の横須賀市で区画整理事業による道路整備は行われず、「強引な線引き」に基づく区画道路の整備が行われた。その元となった道路計画案は、震災前から計画案として存在していたと思われることから、同案は海軍と市当局、つまり横須賀鎮守司令長官や海軍出身の市長らを中心として、事前に検討されていた可能性もある。震災で焼け野原となった横須賀は、海軍が従来構想していた市街地整備案を実行する最大の好機であった。

このことは『復興誌』中の「吾が横須賀市は…帝都の咽喉を、ここに軍港を置き要塞を築き以って之を衛戍する軍事上枢要の地にあり…我帝国が世界的制海の把權に出づるは、今は軍縮の時代に際しても敢て異なるなきを信ず抑々も本市の如き所謂軍事市に在りては」（復興會より都市計画法を適用することによる第一回提案）

図21　震災後の救援・復興作業にあたる海軍兵

や、「本市百年の長計を立て軍港市たる面目を保たんと存候、就ては國防上特殊市として別冊計畫の通り道路改正到度候間市道に屬する」（横須賀市内道路改正費用補助貸付ノ儀申請）のような、国防上の特殊な市であることを強調する記述からも読み取れる。

震災及びその復興への軍の関与は、まず災害救援活動から始まった（図21）。

「このような大災害の中で、横須賀市民の不安と混乱状況は、横浜・東京のそれに比べるとむしろ平静が保たれていたという。それには、海軍および陸軍による、消火・救護・警備や復旧でのすみやかな活動が大きかったとされている。」（横須賀の町名・1989）

「かく本市の救護関係をはじめ道路・水道・食料などあらゆる面の復旧が、他の京浜都市に比較して著しく平静を保ちながら進んでいった。これも海陸軍が物心両面の積極的な協力と軍艦・資材・労力の提供によるところ大であったといえる」（大滝町会創立五十周年記念誌）

「飲料水の欠乏を打開するため三日から走水の水を海軍のカッターで運び…食糧も軍艦で積み込みに出港したが、幸い大湊にあった軍艦春日が米を積んでくるとの報を得た。四日、春日艦の煙を見た市民は思わず歓呼の声を張り上げた」「道路やトンネル等の崩壊破損や埋没箇所などは、陸軍軍隊の必死の作業が徹夜で続けられ、しだいに市民の不安が除かれていった。」（横須賀百年史）

震災後の救援・復興にあたっては、海軍だけでなく陸軍の活躍も市民生活を助けた。海軍工廠周辺の市街地の救援は海軍が中心となり、要塞司令部が置かれていた深田を中心とした陸地側は陸軍が担い、避難民救援所が設置された。

「地震で崩壊した土砂の取り片付けは一二月三一日までかかった。もっとも最後までかかったのは、港町で地震直後に片付けをはじめて一二月いっぱいかかった。この土砂は船着場の埋立てに用い、その土地に約四万円で大正一四年七月四日隣保会館が建設された。」（同右）

港町の土砂は、横須賀駅から汐留地区へ至る道路の崖崩れによって発生したものだった。崖下の道路は駅と市街地を結ぶ唯一の道であり、海軍にとっても大事な交通路であった。埋立てられた船着場とは、当時小川町の海岸にあった港のことで、前章の絵地図に見るように、明治初期から横須賀の玄関口として利用されていた。

陸海軍による震災後の救援は、火災の鎮火や崖崩れからの人命救助、瓦礫の運搬・撤去作業、市街地の復興と道路整備の順に進められた。震災復興計画に基づき建設された道路は、現在の下町地区の骨格となった。

しかし一般市民にとっては、軍による災害救援活動とその後の道路整備は、良くも悪くも一連のものとして捉えられた。「元町通りは一五間幅の大通りとなり、工廠前の商店は全部取り払われ道路となり、横須賀駅からの国道は、直線に汐留に向かって開通し、途中にあった軍需部は田の浦に移転した。道路の幅員は一号路線が一五間と決定された……市民は商業に影響するという意見で縮小を望み、八間程度を欲した。しかし、将来を考慮して平坂下まで一五間になった」（同右）とあるように、下町で商売をしている市民にとって、あまりに幅の広い道路は望まれていなかった。

『大滝町会創立五十周年記念誌』には、道路改修当時の様子を語る声が収められている。

小佐野「今の三笠ビルの島側というのは、この震災によって都市計画が変わってできたわけです…道路拡幅のため行く場所がなくなっちゃって困ったんです…丁度幸いにおやじが県会に出ている時で、吉井さんなんかがお骨折りいただき、島（大通り側の店舗群）をつくって、そこへ海岸の人達に入っていただこうというので島ができたんです。」

岡本「道路の半分敷地にしたわけです。」

吉井（市）「大きな道が道路計画されて、その時に聞いてみると、あの時海軍が都市計画やったんだね。」

石塚（仲）「戒厳令をしきまして、野間口という鎮守府長官が先頭になって下町の焼け野原を百人ぐらい将校だとか、職工さんを連れて、もとの道路に関係なくやっちゃったわけです。それが現在の道路になったんです。」

こうした証言に示されるように、震災復興による道路整備は市民の合意に基づくものではなく、震災の衝撃で呆然としている間の出来事のように記憶されている。

震災復興後の都市計画において、道路の拡幅計画については他都市でも市民の合意が難しかった。公園や道路などの公共用地が、都市に不可欠な存在であることへの理解がまだ浸透していない頃、特に大災害を被った直後の市民にとって、所有地の削減は受け入れがたいと反発したことは想像に難くない。また現在の都市計画のように、計画を市民に周知するためのシステムも充分に整っていなかった。例えば横浜市では、土地区画整理事業は復興事業の基幹中枢にして復興事業の先駆であるとされたが、市内には区画整理反対派と推進派との対立があった。東京でも特別都市計画法の規定による所有土地の一割無償提供、換地に対する不満は、激しい反対運動を起こした。このように区画整理事業による減歩に対する市民の抵抗は激しかった。

横須賀市では『震災誌』が記す以下のような経緯で、道路復興計画に対する協議が進められた。

「當時、復興會に、道路改良の原案が提出されるや猛然たる反對の十字火を浴びたものであった。道路改良案が復興會總會に提出されたのは大正十二年十月二十五日…この時の議事録を繰って見ると…こんなに廣くては、道路の眞ン中にペンペン草が生える。…賛否の聲、渦捲くこと幾度。漸く可決しても、内務□大蔵の兩省市債の許可や市道の補助を澁って容易に工事着手に到らず」

次に「復興促進市民大會」が開催され、市や復興會への抗議が行われた。

「復興會と市當局は着々腹案の實行に移るべく努力し、一般市民に對しては從來の所有地と雖も新築は勿論假建築をも許さぬことに決し、改正豫定區域には繩張りをして之を防いだ爲め、商人は營業不可能となって、ぼつぼつ不平の聲が起って來た。…或ひは當局の市區改正を無謀といひ、或は一時假建築を許せと叫ぶに至って…同月（十二月）二十七日午後一時から若松諏訪神社境内に於て市民大會を開催した。」

この市民大会では決議文を市と復興會へ提出することになった。決議文中には「市の復興より市の復舊」、「期限を附して假建築を認めること」などの他、「元町、旭町通り國道は一二間以内に短縮せられたき事。小川町、大瀧町、山王町、若松町通り縣道は商業地帯として從前の通りとし萬一擴張の已むを得ざる時は八間及十間以内に止められたき事」と記されている。復興會による計画では「元町、旭町通り國道」は「横須賀驛より大字旭町十字路街角に至る國道」として幅員十二間となっている。また「小川町、大瀧町、山王町、若松町通り縣道」は「大字旭町十字路より大字若松平坂下に至る國道」として幅員十二間となっている。結局、下町地区の大滝町通り（県道二六号）は市民の要求かなわず、十二間（約二一・八四ｍ）の幅員で道路整備が進められた。鎮守府前から元町方向に向かう計画幅員三十間（幅約五四・六ｍ）の道路は、現在は米海軍基地の中に含まれる。旭町十字路～若松平坂下延長の二百八十間（約五〇九・六ｍ）また幅員十二間（幅約二一・八四ｍ）の道路は、現在とほぼ同じ規模である。

災害救援活動をはじめ道路・水道・食料などあらゆる面の復旧が、横須賀市では他の京浜都市に比較して著しく平静を保って進められた。その背景には、海陸軍が物心両面の積極的な協力と、軍艦・資材・労力の提供を惜しまなかったことがある。こうした面もあり、横須賀市の道路復興計画には様々な抵抗もあったものの、他都市に比較してスムーズに進められたと見られる。

「軍縮と震災の痛手が加わって、市内の経済は徹底的な打撃を受け、資金難にあえぎながらも店舗は次々に再開して商店街が復旧した。これは市内消費者のほとんどが軍要員であり、軍縮による犠牲者を出したとはいえ、まだまだ根強い工廠工員など官庁関係の給料生活者であったことによるものである。民間事業とは異なった官営事業である工廠だけに給料遅配や欠配のような悪循環をみることがなかった」（横須賀百年史）とあるように、海軍に依存しつつ発展した横須賀市は、同様に海軍に支えられて震災復興を果たしたのである。

## 震災復興後の下町地区

### 町並みの変化

横須賀市は震災から七年目の一九三〇（昭和五）年には、東京上野を第一会場とし、横須賀を第二会場とする「海と空の博覧会」が盛大に開催されるほどの復興を遂げた。一九三〇（昭和五）年五月、震災後に整備・拡幅された幹線道路である大滝町通りは「東郷通り」と改称された。これは同年三月に開かれた「日本海海戦二五周年記念・海と空の博覧会」（三笠保有会・日本産業協会共催）にちなんだものである。

博覧会の第一会場は上野忍池畔、第二会場は横須賀市役所裏の海岸と三笠記念艦前だった。下町地区では大規模な道路整備が行われ、新しい区画に従った市街地が出来上がった。「従来の目抜き通りであったいわゆる大滝町通りが、従来五間であったのに対し、この時新たに造成された大通りはアスファルトの車道を八間として両側にコンクリートブロック舗装の人道を二間づつ備えたもので、この通りは「海と空の博覧会」が開催されていた昭和五年五月一九日に「東郷通り」と名付けられた。なお、従来の大滝町通りを指す「三笠通り」の名称も同じタイミングで付けられたと思われるが、厳密にはそれを示す文献は確認できない」（横須賀百年史）

震災以前からの道路、大滝町通りは「三笠通り」と呼ばれるようになり、そこにあった商店街は「三笠通り商栄会」と改称した。名付親は東郷平八郎元帥の代理、加藤寛治大将である。

復興直後の下町地区の写真（図22・23）を見ると、新たに整備された道路の幅員が注目される。当時の市民からは「こんなに廣くては、道路の眞ン中にペンペン草が生える」との声が聞こえたのも無理のないことだった。市及び復興會が「一般市民に對しては從來の所有地と雖も新築は勿論假建築をも許さぬことに決し、改正豫定區域には縄張りをして之を防いだ」結果、このような道路整備が行われたことは、軍主導の「強引さ」があったと言わざるを得ない。しかし、この道路整備は戦後のモータリゼーションに対応し得る道路をつくりあげ、界隈の商店の賑わいと共に、横須賀の復興を支えることとなった。

震災復興後の横須賀市街地の景観について、『復興誌』は「新横須賀の横顔」として以下のように述べている。「諏訪公園頂上に立って、横須賀軍港を俯瞰すれば、（海軍工廠の中は）昔も今も變りない…だが一たび、目を市街に移すとき、そこにはあまりにも急激に變化した横須賀が展開するではないか…われ等の横須賀市の復興を、嫌應なしに、認識させるものは、何といっても、市區の改正だ。道路の改正だ。」

図 22　震災復興後の旭町、元町、汐留町の大通り

『復興誌』は続けて整備された各道路について紹介し、その沿道の景観を賛美している。

行幸通り停車場より旭町まで（図22）

「震災後のモダン横須賀を最も如實に物語るものは第一番に市内を縦斷する三十一號國道であらう…殊に軍港地としての本市は、○○聖上陛下の御臨幸を仰ぐ…此の玄關道路とも云うべき國道の完成」「驛前からコンクリートで固め、歩道にはプラタナスの街路樹さへ植え、見るからに近代都市の風貌を備えてゐる」

横須賀銀座　東郷通り（図23）

「旭町四つ角（自動車會社前）より山王町、小川町、大瀧町、若松町を經て平坂下に至る延長二百四十五間の商店街で、震災前は之を大瀧町通りと呼んでゐた。當時、道幅は僅か五間で、両側の家屋は何れも粗雜貧弱な木造が多く、一見田舍の一小街の觀があったが、改修後は幅員十二間に擴張して中央八間を車道に取り、路面に瀝青碎石工事を施して最も堅牢なる道路を造ったものである…更に車道と人道との間にプラタナスの街路樹を植えた爲め、毎年夏期になれば路面に蒼然たる影を落として暑さを避ける」「此の通りは舊來から軍港一の繁榮地で、市内商店街の中心をなし、車馬自動車の往來頗る頻繁である…何れも石造、煉瓦造、コンクリート造で街の美觀を呈してゐる…全市の客脚は晝夜の別なく此處に集まり遂に、横須賀銀座と呼ぶに至った…命名に次いで小栗市長の發聲で東郷元帥の萬歳を三唱し、目出度く、永久の記念道路となったのである。」

町内会と商店会の成立

横須賀市復興會の会員には、地元の商工業者も名を連ねていた。市内交通網の整備と共に軍事施設の集約をもくろむ軍の意向、将来の発展を見越した基盤整備を進めたい市当局の意向、そして一刻も早く震災前の状態に復旧したいという地元の意識という三者があったが、最終的には軍と市の意向が優先された。しかし、復興期に行われた議論は後の都市計画やまちづくりにおいて、住民・市民の意見が反映される必要性や市民の役割意識を高めることに役立った。

たとえば震災を機として、現在の大滝町内会の前身が発足した。その経緯について、『大滝町会創立五十周年記念誌』は以下のように記している。

司会「町会ができる直接の原因になったのは大震災だったようですが。」

吉井（市）「震災が終わって当時、山王町、大瀧町、小川町とそれぞれ部会をもっていたんです…ここで一つ町会を大瀧町という名前にしようか…大瀧町という町会に小佐野さんのお父さんの発案でそういうふうに決めたんです…」

岡本「昔は本町方面が第一部会、このへんが第二部会といった。」

図23　震災復興後の下町地区の大通り

司会「第二部会の範囲は」
吉井（市）「山王町、小川町、大瀧町、この三町…」

震災後、国の地方団体に対する補助指導行政は増加する傾向にあった。震災を契機とした区画整理等の地域問題の発生は、近代都市における市民の役割とその自覚を促し、新たな町内会組織の発足へとつながった。復興を遂げた広い幹線道路である東郷通り（大滝町大通り）に面した商店街組織は「旭親会」（旭町通り、大正一五年設立）、「東郷通り町和会」（東郷通り、大正一五年設立）、「若松奨励会」（若松町通り、昭和四年設立）、「三笠通り商栄会」（三笠通り、昭和六年設立）であり、いずれも震災後に設立されている。また全ての商店会において海軍関係者が顧客であり、その影響力がうかがえる。

## 町並みの中に残る震災前の道路空間

図24は一九〇三（明治三六）年の市街地地図（図13）と現在の市街地地図を重ね合わせたものである。グレーの部分は震災前からの道路を示す。図25の写真八点は、図24中の①～⑧に対応する。数度の埋立てによって形成された横須賀下町地区は計画的な市街地形成が行われず、自然発生的な狭い道路が使われてきた。図24中に示されたこれらの道路空間の痕跡を観察すると、埋立ての形跡や当時の道路の状況など、下町地区の形成過程の一端を読み取る事が出来る。

図24中の①、③、④、⑥に相当する一続きだった道路は、一八八二（明治一五）年の地図（図9）にあった下町地区を貫く二本の通りのうち、海岸側の裏通りと考えられる。①の通りは比較的幅員があり、自動車も通行できるが、奥に行くと歩行者しか通れないほど幅が狭くなることから、ある時点において一部が拡幅されたものと思われる。

③は通路上部に建物が被さっており、建築基準法上の道路でもなく、私有地が解放されているだけである。この道路あるいは通路は一八八二（明治一五）年当時、下町の裏通りであった。

④は一間幅の私道で、建築基準法上の四二条二項道路に指定されているものの、車の通行は物理的に出来ない。日中は、狭い通りの両側に建ち並ぶ飲食店に集まる人々でにぎわう、活気ある通りである。

⑥は、③と同じ条件の道路であるが、③に比較して面する店舗も少なく、人通りは少ない。④と⑥の間の区画には昭和四〇年代に再開発され、平成二〇年代に再び再開発されたビルが建っている。ビル下層部は店舗であり、建物内部にはかつての道路空間が、昼間のみ解放される自由通路として継承されている。この場所が明治期から一続きの道路であったことを物語る、貴重な空間である。また、⑥の先の街区は駐車場となっているが、その先の一部には公道（二項道路）が続いており、かつては一連の道路だった形跡が読み取れる。

図 24　現在の下町地区に残る震災前の道路空間（図中の番号は図 25 の各図に対応）

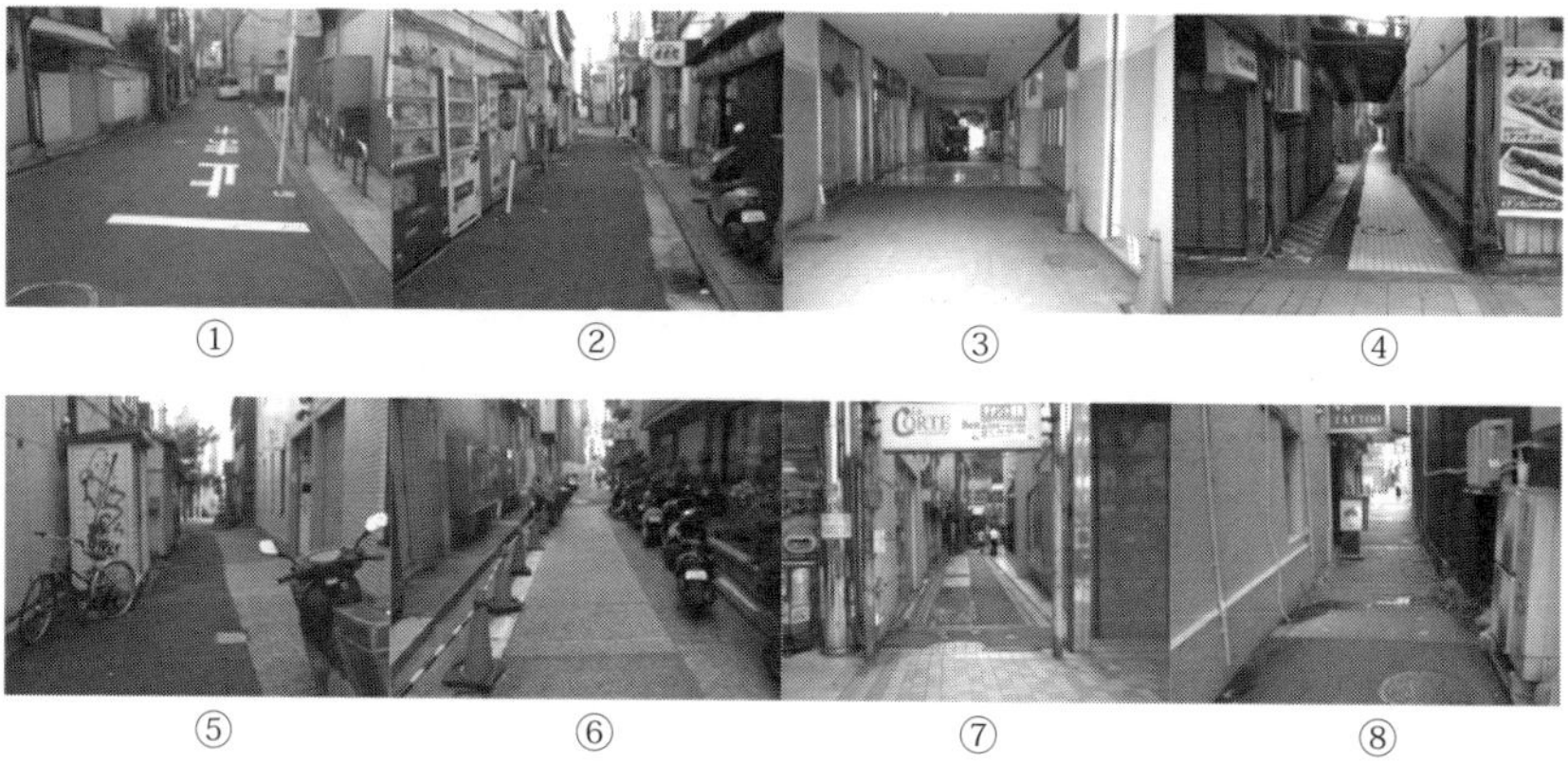


図 25　現在の下町地区に残る震災前の道路空間（各写真は図 24 中の各番号に対応）

②の辺りは一八八九（明治二二）年の埋立てで造成された土地であり、一九〇三（明治三六）年の地図（図13）でも道路として描かれている。③④⑥に比べると道路幅員は二間（約三．六四m）と広く、この時代になると当初から幅員を確保した道路として整備されたのかもしれない。

⑤は明治三六年の地図によれば恐らく、海に面した岸壁だったところである。そのためか、②のような幅員が確保された道路ではなく、今なお狭い路地のままである。この道路は路面が平らではなく、不陸が生じた形跡が見られる。道路下にはかつての護岸が埋設しているものと思われ、このため地盤の沈下量に差が生じた可能性がある。

⑦の旧来の「大滝町通り」は、最初期に大滝町が形成された時の海岸線と重なる。現在ではこの場所に、海岸線の痕跡を見いだすことは出来ない。

こうした横須賀下町の各所に残存する震災前の道路空間の痕跡は、震災復興の前後につくられた都市組織の重層性を示すものであり、下町地区の形成史を物語る生き証人といえよう。

第三章

# 太平洋戦争前後の横須賀中心市街地

## 軍港都市の財政事情

### 財政難と海軍助成金

震災復興を含めて、軍との協力体制を保ちつつ市政運営を行ってきた横須賀市であったが、市の財政事情は軍港都市であるが故に、常に厳しいものがあった。『横須賀市史』は「海軍助成金の交付を必要とした軍港都市における特殊事情について」として、「都市の発展は、商業および工業の発展によることを通例とするが、軍港都市の場合は之と全く異なり、単に国防上の理由によって生成発展し…」と記している。

横須賀市の自治体財政が特殊である理由として、

①市域中枢部を占める軍事施設の土地建物が課税対象とならないこと
②民間工場の立地余地が少なく、工業による財源を得られないこと
③海軍納品物資は市外からの直接取引であり、生活物資も共済組合からの購入が多く、商業活動による税収が少ないこと
④海軍工廠の労務者等は担税力が低いこと
⑤市街地の地形は起伏が多く行政上不効率であり、財政の負担が多いこと

以上の5つが挙げられる。このため、海軍基地がある呉や佐世保など国内各都市が国に要望したのが、海軍助成金である。海軍助成金は一九二三（大正一二）年から一九四五（昭和二〇）年までの震災から終戦まで、横須賀市を始め各軍港都市に対して国庫から公布された。

表4は、横須賀市における海軍助成金の金額と当時の市の歳入総額に対する割合を示している。大正一二年

表４　横須賀市に対する海軍助成金

| 年度 | 助成金額（円） | 歳入総額に対する割合（％） |
|---|---|---|
| 大正 12 | 45,000 | 1.1 |
| 13 | 45,000 | 1.3 |
| 14 | 45,000 | 1.3 |
| 大正 15/ 昭和元 | 46,000 | 1.7 |
| 2 | 51,530 | 2.6 |
| 3 | 51,530 | 2.4 |
| 4 | 51,530 | 3.2 |
| 5 | 51,530 | 2.7 |
| 6 | 51,530 | 2.9 |
| 7 | 51,530 | 2.4 |
| 8 | 85,845 | 4.0 |
| 9 | 85,845 | 3.1 |
| 10 | 86,000 | 4.2 |
| 11 | 89,045 | 2.5 |
| 12 | 89,045 | 3.2 |
| 13 | 90,045 | 4.8 |
| 14 | 90,505 | 4.3 |
| 15 | 151,530 | 7.6 |
| 16 | 210,530 | 7.5 |
| 17 | 560,000 | 11.5 |
| 18 | 2,250,000 | 25.4 |
| 19 | 270,000 | 1.4 |
| 20 | 3,620,000 | 19.1 |

（特別助成金 S18 年度 2,000,000 円、S20 年度 3,350,000 円を含む）

度における海軍助成金が歳入総額に占める割合は一・一％であったが、ミッドウェー海戦後の一九四三（昭和一八）年には海軍助成金が歳入総額の実に二五・四％に達している。

　また、大正一二年における助成金額の総額は三三二，〇〇〇円であるが、他の軍港都市との配分を見ると、横須賀市が四五，〇〇〇円に対し、呉一三二，〇〇〇円、佐世保一〇三，〇〇〇円、（他、舞鶴や大湊などが対象）となっている。助成金額の配分について「その基準については種々の意見があり…各角度から検討協議を重ねたが、結局市町村協議願をもって妥当とし、本市は四五，〇〇〇円を甘受しなければならなかった。」（横須賀百年史）

　海軍助成金は、市の予算規模から考えるとそれほど大きな割合ではないが、金額的には無視できない数字であり、窮乏する昭和初期の横須賀市の財政を潤したと考えられる。この海軍助成金の主旨は、第二次世界大戦後の旧軍港市転換法へと引き継がれていく。

### 稲楠《とうなん》土地交換事業

　震災復興における海陸軍の救援活動や支援については前章で述べたが、海軍は震災復興にあたって軍施設の集中化を目論んだ。明治期以降、造船所は海軍工廠となり、そして横須賀鎮守府や東京湾要塞司令部の設置と、時々の状況に応じて段階的な海陸軍の進出があった横須賀市では、軍施設が市内各所に散在していた。この非効率を打開すべく海軍は施設の集中化を図り、特に海軍施設に囲まれた楠ヶ浦町と稲岡町白浜沿岸一帯の民有地（計三万五千五百坪、約一一七，〇〇〇㎡）と、市内に点在する海軍用地（約三万一千百坪、約一〇二，六〇〇㎡）との土地交換を横須賀市に打診した。市としては震災復興時における軍の支援活動もあり、また今後の軍との関係性を鑑みて、その要望に応じることとした。

この稲楠土地交換事業によって、市北側に広がる半島部のほぼ全域が海軍用地となった。こうして海軍用地と一般市街地は明確に分離され、市街地側と半島側の境界が、海軍と民地との境界として意識されるようになった。第二次世界大戦後、この半島の海軍用地がほぼそのまま米軍接収地となった。今日の横須賀で、米軍基地が市街地に隣接するにもかかわらず、その実感が希薄に感じられるのは、この明解な境界の存在に因る点が大きい。

一方でこの事業は、用地買収と売却を市が負うことを前提としていた。『横須賀市史』によれば、市では一九二六（大正一五）年六月に「この事業を特別会計として総予算一六二万五〇二六円を二カ年継続支出とし、一五年度に土地交換を終了し、翌昭和二年度にその整理事務の遂行を予定してその資金は一時借入金によることとした」が、しかし「多額の負債を負いながら努力したにもかかわらず、交換地の売却代金は借入金を補塡するには足りなかった。」（同右）とされる。行政機関が不動産業的な事業を行っても、相手側から足元を見られ、結局、行政側が負債を負うことになるのは今日も同じである。そして「長期債による解決を覚悟し、…主務大臣に起債許可の申請をしたのが昭和七年四月八日であった。…その償還を昭和八年から三六年までとして許可され…ようやく旧債の整理を断行することができた」（同右）とあるように、稲楠土地交換事業は昭和初期の市財政を圧迫する原因となった。

最終的にこの事業は、今日の横須賀市街地の土地利用の明確化に役立った。しかし「この事業のため、震災復興事業や市民のための土木・教育・産業・社会その他の事業が犠牲になったことは否めず、軍都としての宿命を稲楠土地交換事業は如実に物語っているのである」（同右）とあるように、歳出に応じた歳入予算が見込めない軍港都市の財政事情は、宿命的なものであった。

第一次世界大戦後、一九二〇（大正九）年頃から始まった景気後退は、関東大震災の未曾有の被害によって加速し、経済界の沈滞化は国民生活を脅かした。一方で横須賀市は海軍工廠という官営工場を抱えているため、不況の影響は軽減されていた。

『横須賀百年史』が「本市においては世の不景気とはその趣を異にし、本市が代表している日本の産業構造の欠陥ともいうべき軍需工業的発展傾向によって、市民の消費経済の安定が望めるというのである。そして国際平和への各国の要求が強まるにつれて不安定を招くというわけである」と記すように、軍港都市横須賀は恐慌による経済不況よりも、国際平和に基づく軍縮の方に、直接的な影響を受けた。一九二九（昭和四）年を例にとると、市の人口約一〇万人に対して工廠従業員は一万人であるが、その収入は一戸あたり五．三人の生活を支えられるだけの収入を得ており、従業員のみで市人口の半分以上にあたる人間が生活していた。その他にも軍と深いつながりを持つ御用商人や中小の商工業者も多数おり、市全体の社会経済構造は、まさに一大官営軍需工場の存在によって成り立っていた。つまり「世の不景気を外に、本市らしい景気の強みがあった」（横須賀百年史）のである。

しかし一九二七（昭和二）年三月に始まる昭和大恐慌や一九二九（昭和四）年の世界大恐慌は、国内物価の急落と大量の失業者を生み出し、震災復興期の横須賀においても経済状況を悪化させた。

第二次軍縮（ロンドン条約）による税収の低下と、稲楠土地交換事業による財政負担が重なり、市の経済状況は悪化していく。軍港都市の連携で獲得した海軍助成金は、市財政の僅かな助けにはなったが、焼け石に水の感があった。結局、震災後から昭和初期の横須賀市の財政は、累積赤字が増え続けていった。

## 戦時体制への移行

### 大軍港都市の誕生

昭和初期、横須賀市の財政や経済状況は悪化の一途をたどっていたが、一九三五（昭和一〇）年以降は、軍港都市であるが故の状況の変化が明確となっていく。

一九三一（昭和六）年一月一日、ロンドン海軍軍備制限条約が公布されるが、同年九月一八日に満州事変が、翌年一九三二（昭和七）年一月二八日には上海事変が起きる。この頃の軍施設は明治期と異なり、国民市民の目に直接触れることは無くなっていたが、これらの事変を受けて横須賀では「海軍の根拠地横須賀にはただならない空気がみなぎっていた…（海軍陸戦隊の凱旋の）都度、市長が凱旋祝賀委員長となり、三笠球場で盛大な凱旋祝賀会を開催し、児童生徒の旗行列、一般市民のちょうちん行列などの歓迎はまさに熱狂的であった」（横須賀百年史）。

さらに「同（昭和七）年九月一五日、我が国は満州国を承認したが、翌八年二月二四日国際連盟においてそれを非難する対日勧告案が四二対一で採択され、国際連盟総会日本首席全権松岡洋右は「連盟協力限界に達せる」旨を述べて退場した。次いで三月二七日に脱退の詔勅が発せられ、九年一二月二九日にはワシントン海軍

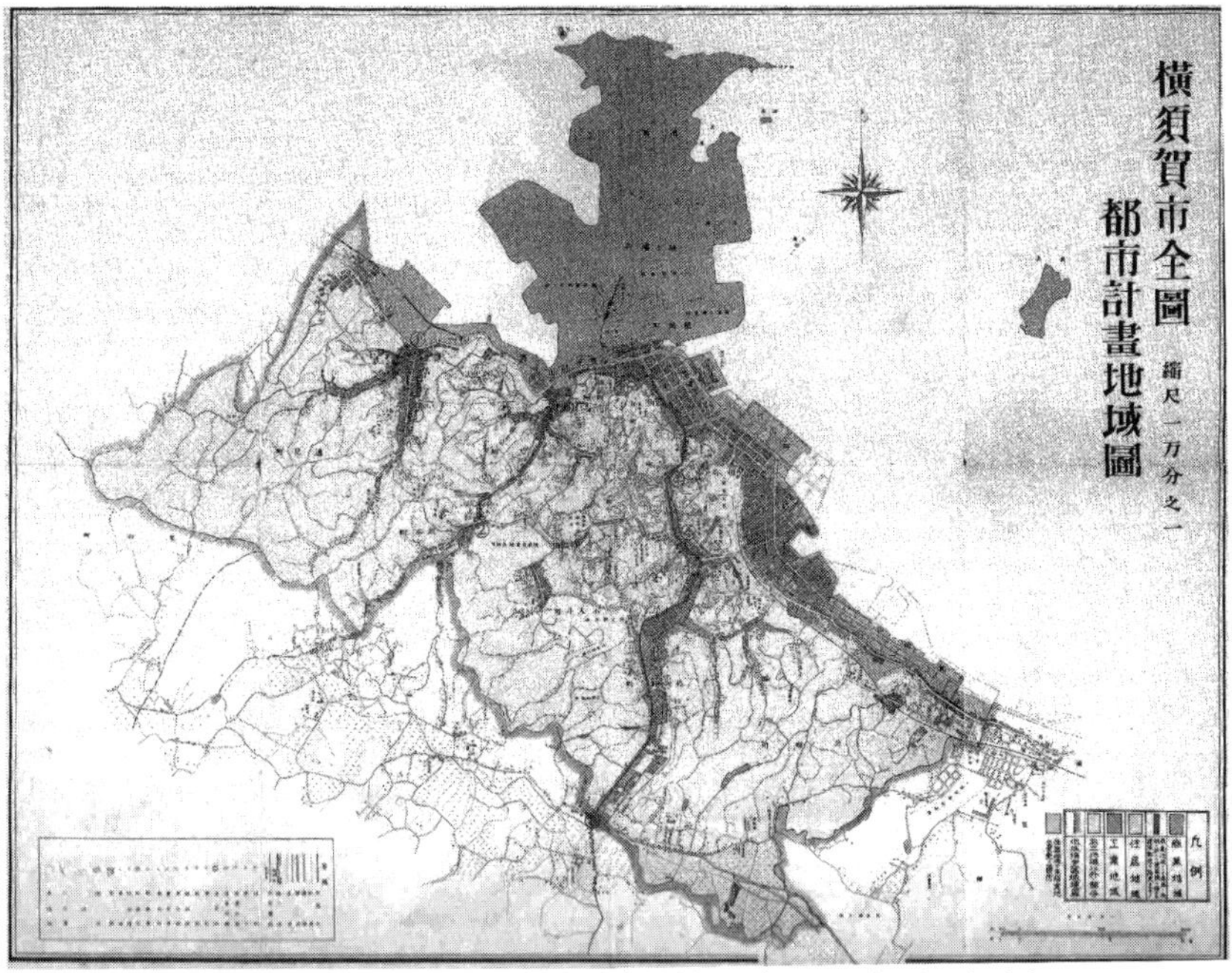


図 26　横須賀市全圖 都市計畫地域圖（1930（昭和 5）年）

軍縮条約破棄をアメリカ政府に通知するに至った」「昭和一一年一月一五日に…ロンドン軍縮会議を脱退したので、いよいよ無制限建艦競争が始まり、戦時体制へ突入し漸次、軍需景気が起こりはじめてきた」（横須賀市史）とあるように、戦時体制の不安感がよぎっていたが、海軍工廠の存在があるため、市内の経済状況は救われていた。しかし一九三七（昭和一二）年七月七日に盧溝橋事件勃発、続く第二次上海事変により、全面的な日中戦争に突入する。横須賀海軍工廠では軍縮会議からの脱退を受け、一九三六（昭和一一）年以降、急速に従業員の増加を図り、横須賀市の人口も戦時下、急速に増加していく。

　このような状況下において「労働者不足が始まったのはこの頃で、不景気な本市の民間工場もしだいに活況を呈し、中小造船会社などが発足し、工廠景気、軍需景気を再現した」「昭和一八年の本市居住の海軍関係徴用工五万三〇六七人に達し、さらに在営兵力は一一万四七五〇人に及んだ」（横須賀市史）

とあるように、日本全体が戦時下の不安に包まれる一方で、横須賀は軍需景気の只中にあった。このような状況下、軍都横須賀は国難打開の使命を帯びて、大軍港都市の建設に向かう。

震災直後の一九二三（大正一二）年一〇月一一日、市長は県に対し「都市計画指定地の儀に付請願」を行うが、ここには「都市計画区域には隣接四ヶ町村を包括すべきこと」の事項があった。その後は一九二八（昭和三）年一月一日都市計画法施行の指定、一九二九（昭和四）年六月八日（旧横須賀市のみ）市街地建築物法の適用及び都市計画区域が決定された（図26）。計画区域は当時の横須賀市域の他、田浦町、衣笠村、浦賀町及び久里浜村を含む五．三八一ヘクタールであった。市域外を計画区域に含めた理由として、横須賀中心部（大滝町）からおよそ六㎞、当時の交通機関で約六〇分で到達できることを挙げている。また「田浦町は既に軍港としての施設が集約され、横須賀市と事実上機能が一体化していること、衣笠村には市内の従事者が多く居住していること、浦賀町は市の埋立が、大津方面へ発達しており、さらに陸軍要塞施設等により密接な関係があること、久里浜村は、宇東川（内川）が横須賀市に水源を持つ為、横須賀の将来の発展に重要な区域であること」（北澤・福島、二〇〇三）等を理由に、都市計画区域に包含された。

近隣町村との合併については震災復興において都市計画に位置付けられていたが「昭和七年七月一五日、市会で隣接町村合併の建議案が可決され、これに伴い同月二八日に大横須賀建設準備委員会が設置され、やがて大軍都となる第一歩が踏み出された。」（横須賀百年史）

まず衣笠村との合併については、一九三二（昭和七）年九月から会合を開始し、翌八年一月一三日に境界変更に関しての上申書を県知事に提出、二月一〇日「神奈川県告示第八九号」により、正式に両市村の合併が実行された。田浦町との合併は一九三二（昭和七）年一二月一七日から懇談を行い、八年二月二二日付で上申書を県知事に提出、三月二七日「神奈川県告示第一七三号」により、四月一日から田浦町を廃して横須賀市に編入することを発表した。

大横須賀建設準備委員会小委員会は一九三六（昭和一一）年六月一七日浦賀、久里浜両町村を訪問し、合併に関する懇談を行う。しかし浦賀町については、合併の運びに至らなかった。久里浜村については一九三七（昭和一二）年二月一二日付で上申書を県に提出、同年四月一日に合併が成立した。

こうした一連の合併によって横須賀市は面積四一・八〇平方粁（㎢）となり、人口二〇二，三二〇人を抱える全国一六位の大都市となった。しかし市の成長は太平洋戦争を前に、ここに留まらなかった。

一九四一（昭和一六）年四月一四日、日本軍による真珠湾攻撃の八か月前、横須賀市は第一六代岡本市長の下で「市是」を制定した。

『市是：我が横須賀市は道義的高度国防国家完成のため名実共に完備せる世界最大の軍港都市の実現を期す』

横須賀市は世界最大の大軍港都市となることを大目標に掲げ、内外に宣言したのである。

開戦後の一九四二（昭和一七）年八月二五日、横須賀鎮守府参謀長から神奈川県知事へ「横須賀市及三浦郡各町村ノ合併ニ関スル件紹介」と題し、「軍事上ノ必要有之合併ノコトニ御取計相成度。追テ本年明治節ヲ期シテ実現ノコトニ取計ハレ度希望有之為念申添候」との照会がなされた。さらに同年九月一日、鎮守府は関係筋に「横須賀市及三浦郡各町村ハ速カニ合併スルヲ要ス　横須賀鎮守府」の文章を発送して、市町村の合併を要望している。その理由として、近隣町村に軍関係機関や工員住居等があること、地域防衛上合併に必要があること、地方財政の整備などを挙げており、三浦半島は既に事実上の軍港地域と見なされていた。このように海軍からの合併促進の要望を背景として、各町村において合併の協議が進む。一九四三（昭和一八）年四月一日に浦賀町、逗子町、北下浦村、長井町、武山村及び大楠町が横須賀市と合併し、ここに大軍港都市が誕生することとなった。

## 横須賀中央駅

大正期における横須賀の鉄道路線は、一八八九（明治二二）年に東海道線から枝分かれした横須賀線のみであった。このため、東京横浜方面から沿岸部を走る鉄道の必要性が高まった。これを受けて一九一七（大正六）年九月五日に、横浜から沿岸沿いに南下し、三浦半島を一周する湘南電気鉄道（現在の京浜急行）の敷設免許が出願された。鉄道建設の一因には明治期より、横須賀を中心とした三浦半島の観光地化が進んでいたこともあった。

「大正一四年一二月、湘南電気鉄道株式会社が資本金一二〇〇万円をもって創立され、昭和二年六月、横浜市・逗子町間と、六浦荘村（現、横浜市金沢区の一部）・浦賀町間の二線の建設に着工した。…（昭和）五年三月に…鉄道施設と電気工事を完了した。同年四月一日から、黄金町・浦賀間二九．九キロメートル、金沢八景・湘南逗子間五．七キロメートル、計三五．六キロメートルの運輸営業を開始した」（横須賀市史）とあるように、一九三〇（昭和五）年四月一日、湘南電気鉄道によって横須賀中央駅が開業した。

幕末の横須賀製鉄所開設以来、海軍工廠と横須賀鎮守府が置かれた軍港周辺が横須賀の中心と見なされ、対して大滝町を中心とする下町地区は町はずれとして位置付けられていた。しかし度重なる大火や震災復興等を契機として、下町地区には横須賀市役所庁舎、横須賀郵便局や横須賀警察署といった公共施設が移転し、官庁街的な軍港周辺地区と繁華街の下町地区という棲み分けが崩れていった。かつての町はずれの遊興地は、賑わいと活気にあふれた商業地区として発展し、そこには「横須賀の中央」と名付けられた駅が設置されたのである。駅名の由来や、立案に誰が関わったのかは不明ながらも、当時の下町地区こそが明らかに「横須賀の中央」であるという認識が人々の中にあったからこそ、受け入れられた駅名だったといえよう。ここにおいて、軍港周辺は海軍関係施設とこれに関わりのある御用商人達の地区、対して下町は軍とは独立した官庁街や商店街をもつ都市の中心となった。なお、軍港近くに開設された湘南電気鉄道の駅には、その名もずばり「軍港」という名称が付けられた。

一方で『横須賀市史』によれば、横須賀線は「昭和六年九月の満州事変後、海軍の拡充に伴って、港域や海軍諸施設が三浦半島南部に拡張され、地域の動脈である横須賀線の延長が要望されるようになった。」とある。横須賀線は海陸軍の要望によって建設されたが、当初の計画では横須賀の中心市街地を抜けて観音崎までの延長が計画されていた。しかし「従来の鉄道予定線とは別に、海軍側から横須賀・久里浜間の鉄道延長が要請され、日中戦争の発展もあって、急速に実現の運びとなった。一五年の夏に測量が行なわれ、翌一六年八月に起工、…一九年四月一日に開通の運びとなった」(同右)。

このように横須賀線の延長は、軍の要請による、軍のための事業であり、市民へのサービスを目的としたものではなかった。現在においても、横須賀市の中心部を経由する京浜急行は、市内の大動脈となっている。

## 空襲被害と建物疎開

一九四一（昭和一六）年一二月、日本はアメリカに宣戦布告し、太平洋戦争に突入した。戦争直前の横須賀は不安感の中にありながらも、軍需景気の只中にあった。市政においても戦前から徐々に軍の統制が強まり、特に防空対策のために干渉や圧力が強まった。市の機構体制についても「昭和一六年には…市では新たに防衛課を設け、…市民課は市営会や町内会・翼賛会及び統計などの事務と…金属回収等の事務を取り扱った。経済課は…統制配給や一般産業事務も併せて市民生活の維持安定に努めた」「隣接六か町村合併後の本市は、大軍都建設に向かって形態を整え、国策に協力するとともに、軍当局の要望にも応え、さらに防空はもちろん増産に、市民生活の安定確保に、と市政の重点が置かれていった」（横須賀市史）とあるように、戦時下において緊張感が高まる一方、海軍助成金として特別助成金が公布され、また「地方分与税の増額、営業収益税付加税の増徴方法などによって、一部の恒久的財源が保障されたので財政的には好転の兆しが見え始め」たという。

戦争が長引くにつれて、市民生活にも食糧統制、灯火管制や金属代用品の強要など、大きな影響が表れる。特に横須賀は日本海軍の中枢の地であり、敵機来襲に備えた防空訓練がしばしば行われ、防空壕も数多く掘削された。防空壕については、国策的に掘られた大規模なものから町内会レベルで掘られた小規模なものまであり、今日においても数多く残存しているが、その総数や状況は明らかになっていない。

防空訓練は市役所防衛課を中心に、町内会や隣組単位で行われた。町内会は震災復興の際、地域の問題解決のための住民組織としてつくられたものである。横須賀においても元町を中心に第一部会が、下町地区では大滝町を中心に第二部会が組織された。元々は住民達による自治組織であったが、日中戦争から太平洋戦争にかけて徐々に、国や市の下部組織のような役割へと変化した。一九三八（昭和一三）年の国家総動員法を受けて、政府の方針として地域住民が組織する「隣組制度」が設けられる。神奈川県は市町村に対し、町内会、部落会及び隣組の整備を命じ、横須賀市もこれを受けて「横須賀市町内会整備要項」を策定した。

一九四五（昭和二〇）年になると、横須賀にも空襲が始まる。一九四五（昭和二〇）年二月一六～一八日にかけての空襲により、汐入国民学校が被害を出した。また終戦近くの七月一八日には、海軍工廠内に碇泊する戦艦「長門」を目標とした空襲があった。

戦後の一九四九（昭和二四）年にまとめられた被害総合報告書によれば、空襲による横須賀市の被害は、人的被害として死亡一七人、負傷者九〇人、行方不明なし、計一〇七人、物的被害として全焼二戸、半焼なし、全壊七〇戸、半壊二三三戸、計三〇五戸であった。また三浦半島各地への空襲は一五回あったが、空襲による横須賀市の被害はごく僅かに留まった。横須賀に対する空襲は、基本的に基地内の軍事施設や停泊中の軍艦を目標としており、市街地の被害は極端に少なかった。同じ軍港都市でも佐世保や呉では海軍基地や工廠と共に市街地が空襲を受けており、横須賀の海軍工廠の各施設や市街地がほぼ無傷であったことは奇跡に近い。その理由については諸説あるが、いまだに明快な解釈を得てはいない。

戦時下における市街地への影響は、空襲よりも建物疎開（火災の延焼を防ぐために建物を取り壊して空地を設けること）の方が大きかった。「昭和一九年七月に至り、都市防衛と重要施設防護のために内務省告示第四四号によって、市内六地区が第一次建物疎開の指定を受け指定内の建物は、古い建物、新しい建物の区別なく強制的に、短期間のうちに取り壊された。…その後も疎開は続き、翌二〇年七月に実施された最後の第七次建物疎開では、市庁舎の一部を取り壊し、市制執行に不便をきわめたが、辛うじて決戦下の執務を続けた」（横須賀市史）とあり、市の中心部において約六六，四五八坪の土地面積と四九，八九二坪の建物面積が建物疎開の対象となった。建物疎開の実施は、中心市街地を虫食い状態にした。特に海軍工廠前及び汐入駅前の建物疎開は大規模に行われ、都市空洞化の様相を呈した。

海軍工廠や横須賀市街地は、空襲による被害を直接受けることなく終戦を迎えた。これは二つの点で終戦直後の横須賀を大いに助けた。一つは工廠の各施設や機能、市街地が破壊されず健在なままに残されたこと、もう一つは当時、工廠で働いていた多くの技術職員の命が救われ、彼らの技術も維持されたことである。海軍工廠は終戦直後に解体され、その施設は米軍に接収される。しかし温存された工廠機能のハードとソフトの双方が米海軍に役立てられたことが、戦後の横須賀復興の要となった。

一方で建物疎開は「結果的には、明治以来、自然膨張的に拡大してきた市街地に対し、歯止めをしたことになった。なお、市中心部の疎開一〇〇件のうち二八件（一万六〇〇〇坪）は、終戦後買収されて道路の拡幅や公共用地として整備された」（横須賀市史）とあるように、市街地への空襲被害が極少なかった横須賀市が戦災復興するために、少なくとも下町地区では適度なカンフル剤となった。現在の市役所前公園は当時の建物疎開によって生まれたものであり、下町地区の貴重なオープンスペースとして多くの市民に利用されている。

## 軍港都市から基地の街へ

### 進駐軍の進出と接収

一九四五（昭和二〇）年八月一五日、日本国は終戦を迎えた。八月三〇日、連合国軍最高司令官マッカーサー元帥が厚木飛行場に降り立った同じ日、米海兵隊が横須賀に上陸を開始した。「午前一〇時、横須賀鎮守府司令長官戸塚道太郎は、横須賀港内の小海岸壁に横付けしたサンディエゴ号に赴き、上陸部隊指揮官バッジャー少将に「横須賀港引渡書」を手交するとともに、同少将を鎮守府司令部庁舎に案内した。直ちに同庁舎の屋上にアメリカ合衆国の星条旗と将旗が掲揚され、横須賀軍港引渡しの手続きが終了した…ここに、八〇年に及ぶ帝国海軍の歴史は事実上終息した。」（横須賀市史）

横須賀の中心市街地は一八六五年の横須賀製鉄所建設と共に始まり、以降八〇年にわたって発展し続けたが、一九四五年の時点をもって大きな契機を迎えた。海軍の存在によって成り立ち、海軍と共に発展してきた横須賀市にとって、海軍を失うことは最大の痛手である。特に市内最大の職場でもある海軍工廠を失うことは、関係する諸職業を含めて致命的であった。太平洋戦争前の横須賀海軍工廠の従業員数の急増や、大軍港都市を目指した周辺市町村の合併の影響により、横須賀市の人口は戦争開始から戦中にかけて大きく増加し、人口三五万人を超えていた。この内、軍人や軍属、徴用工員や作業員が十六万人を占めた。終戦を迎えてこれらの人々が帰郷したため、市の人口は一挙に二〇万人台へと激減した。

わずか四年前に制定された「市是」は「世界最大の軍港都市の実現を期す」としたものの、ポツダム宣言による「武装解除」「軍需産業の禁止」はこれを真っ向から否定するものであり、市の姿勢は根本的な方針転換を迫られた。

軍港都市として発展した横須賀市は三方を海に囲まれ、丘陵が海に迫り平地が少なく、市街地の発展に限界があった。このため戦後、軍が解体された後は、平穏な港と旧軍施設の活用しか都市再建の道が残されていなかったのである。空襲の被害を免れ、市街地や旧軍施設がほぼ無傷のまま保持していた横須賀は、横浜や川崎といった近隣の大都市と比べて、いち早く再建を進めることができた。

終戦直後の九月一日には早速、軍の水道が市の委託管理となっている。さらに旧軍関係施設を転用して共済病院や国立病院の開院、メリヤス工業などの民間工場の開設、そして青山学院分校など教育施設の開設が行われた。また建物疎開の跡地を利用して、市役所前公園や横須賀保健所が設置された。終戦の年には進駐軍将兵を対象とした土産品店（後のスーベニアショップ）が相次ぎ開業し、翌一九四六（昭和二一）年三月には横須賀日雇勤労署が設置されている。

少なくとも終戦直後の数年間は、恐らく東京を含む関東各都市の中で横須賀のみが「メシが喰える」「職にありつける」状態であり、ある程度の生活水準を営むことができる唯一の都市だった。事実、終戦直後に横須賀に出てきて職にありつき、そのまま住み着いて現在では既に三代目となった市民も少なくない。

終戦時に大きく減少したものの、戦後四年経った一九四九（昭和二四）年には、失った人口の半数にあたる七万五千人程が増加した。翌昭和二五年には人口減が見られたが、これは逗子町が分離したためである。

大戦後の緊迫する東アジア情勢を背景として、横須賀に進駐していた米海軍基地司令部は、旧海軍工廠の施設を再利用し、恒久的な艦船修理工場として活用しようと考えた。横須賀製鉄所建設以来、軍都の基幹として機能してきた海軍工廠では、一九四五（昭和二〇）年一〇月一五日に廃止された後も工場技術者一五〇人が残務整理を行っていた。

米海軍は旧軍技術者の協力を求めたため、梶原正夫元海軍技術大佐がその任に就き、機材と人材集めに奔走した。日・米海軍の違いはあれど、終戦直後の横須賀では、艦船修理のための工場が操業されることとなった。海軍工廠で働いていた技術者たちは再雇用され、彼らの一部は再び横須賀に戻ってきた。こうして一九四七（昭和二二）年四月二八日、米海軍艦船修理廠ＳＲＦ（U.S.Naval Ship Repair Facility Yokosuka, Japan）が設立され、同年末には従業員一，〇〇〇人を超える大工場となった。

## 自衛隊の創設と米海軍の駐留

日本軍の降伏後、米軍主体による連合国軍の日本占領は極めて順調であった。当初アメリカは日本国本土の占領に対して深い懸念を抱いていたが、全く不安のないことがわかると、占領兵力を減少させる。一方、一九五〇（昭和二五）年に勃発した朝鮮戦争に対して、米軍は日本国内の兵力をかき集めて防戦に努めなければならなかった。

一九五一（昭和二六）年九月、「サンフランシスコ平和条約（対日講和条約）」が調印され、同時に「日米安全保障条約」が調印される。翌年の四月二八日に講和条約が発効、連合国諸国との戦争状態と対日占領が終結し、日本の独立が正式に回復した。しかし日米安全保障条約と付属の日米行政協定によって日本の基地提供が義務づけられ、横須賀では米海軍が引き続き駐留することになった。「進駐軍」はこの時点より「駐留軍」となった。「昭和二七年五月三日三笠園ホールで米軍関係者も招いて行われた講和条約発効祝賀会で、石渡市長は「米軍の駐留等に伴って極めて特異なる都市行政を樹立し且つ運営して行かねばならない」と述べている」（新横須賀市史）とあるように、日本海軍の鎮守府や工廠と、米海軍の基地や修理廠に対してでは、当然のことながら全く異なったスタンスでの市政運営が余儀なくされた。

マッカーサーの意向を受け、一九四七（昭和二二）年九月に「警察予備隊」が創設される。翌年五月には新たな組織である保安庁の下に「警察予備隊」は「保安隊」と名称変更され、一一万人の実質的な軍事組織が復活した。一九五三（昭和二八）年四月には、幹部候補生教育を行う学校である保安大学校（後の防衛大学校）が、横須賀の久里浜駐屯地を仮キャンパスとして開校する。さらに一九五四（昭和二九）年七月に防衛庁が発足し、陸上自衛隊、海上自衛隊及び航空自衛隊が組織された。横須賀の中心部には海上自衛隊横須賀地方総監部が置かれ、日本の国防を担っている。

こうして八〇年来の軍港都市横須賀は、戦後は米海軍と海上自衛隊、二つの組織の基地の街として再生することになった。旧日本海軍基地及び海軍工廠だった区域のほとんどがそのまま、米海軍と海上自衛隊の基地となった。横須賀市中心市街地の土地利用の区域は、戦前期の稲楠土地交換などで一般市街地と軍や工廠関係との土地区分が明確化されており、戦後になっても米海軍や自衛隊の駐留は海軍用地の範囲とほぼ変わらなかったため、街の構成に大きな変化はなかったのである。

## 旧軍港市転換法と都市の復興

戦後間もない昭和二〇年九月一五日、梅津芳三市長は新たな市の方針を決めるために横須賀市更生対策委員会を組織し、戦災を免れた軍施設を活用しつつ新たな横須賀を目指すべく、同年一二月に「横須賀市更生対策要項」を策定した。要項の骨子、七項目の概要は以下の通りである。

1　工業の振興

○海軍工廠↓内外船舶の修理または商船などの造船、造機または木産業へ

○軍需部↓製缶、製函工業、食品工業へ

○金沢の航空技術廠支廠↓車両工業またはセメント工業へ

○久里浜の海軍軍需部倉庫、防備隊、工作学校等↓港湾地帯を含め、漁業基地や水産加工業へ

2　商業の振興

○横須賀軍港↓貿易港としての横浜港の外港へ

3　港湾の整備

○長浦港、深浦港、浦賀港↓工業港へ

○久里浜港↓漁港（太平洋漁業の一大根拠地）へ

4　観光施設の整備拡充

○陸海軍旧練兵場↓野球、庭球、ゴルフなどの運動施設へ

○各所に散在する軍用地↓公園へ

○猿島↓歓興施設へ

5　学園の建設

○馬堀の陸軍野戦重砲兵学校、久里浜の海軍通信学校↓大規模な学校または研究所へ

この他、市の発展にぜひとも必要なものとして、以下のものが加えられた。

6　住宅地帯の設定
7　交通運輸機関の整備拡充の項目

これらの要項は6、7を除き、全て旧軍施設、特に港湾部の転用・利活用を前提としている。この要項を基に旧軍施設の転換計画を策定し、国や県などと調整を重ねた結果、「旧軍施設は二一年から二二年にかけて、学校や公共施設への転用だけでなく、工場などへの転用が進み…横須賀メリアス工業株式会社（従業員一八一人）・追浜繊維株式会社（同二〇〇人）・日本和紡製品株式会社（同九六人）などの繊維関係、関東電気自動車株式会社（同二八七人）・東京芝浦電気株式会社・大洋漁業株式会社など多くの企業が進出してきた」（新横須賀市史）と記されるように、終戦直後の横須賀市は旧軍施設を含む空襲を免れた都市施設を活用し、急速に都市機能を復興させた。

海軍鎮守府が置かれていた呉市、佐世保市、舞鶴市及び横須賀市では、かつての海軍助成金獲得における連携を復活させ、旧軍施設の公共的施設等への転用に対する特別な処置を求める運動を開始した。『新横須賀市史 通史編 近現代』によれば、「大湊町（現、青森県むつ市）や鹿屋市（鹿児島県）など海軍施設を持つ都市が参加を求め、また陸軍施設を持つ多数の都市も便乗しようとしてきたが、四市はそうした他都市の動きを振り切り…四市のなかでも呉と佐世保は戦災被害が大きく、軍施設の「転用」よりも戦災復興都市計画に関心があるといった違いや議員レベルでの意見の相違もあった」ものの、一九五〇（昭和二五）年四月に「旧軍港市転換法」が参議院及び衆議院で可決・成立され、住民投票を経て六月二八日に公布・施行された。この法律の成立は、終戦後の横須賀の街の成長に非常に大きな恩恵をもたらすことになった。

旧軍港市転換法（以下「軍転法」と記す）は以下の八条からなる。

第一条（目的）「平和産業港湾都市として再出発させるため」
第二条「旧軍港市転換計画及び事業を都市計画として位置付ける」
第三条「国の援助」
第四条「国の旧軍用財産の処置について、貸付、減額譲渡、延納及び譲与の制限拡大」
第五条「旧軍港市転換事業における無償譲渡（譲与）義務」
第六、七、八条「審議会の設置、報告義務の規定及び旧軍港市の市長と市民の責務」

これらの条文は旧軍港都市にとって、極めて重大な意義をもった。特に第五条の「必要のある場合、国は無償譲渡（譲与）しなければならない」という条文は、横須賀市政に大きな貢献を果たすことになる。

終戦時の横須賀市における主な軍用財産は約一九，〇〇〇㎢近く存在した。これは当時の横須賀市（分離した逗子町を除く）市域のおよそ二〇％弱にあたる。終戦時に旧海軍用地は米軍に接収されたが、軍転法施行前にも多くの施設が返還され、国の財産となっていた。

横須賀市では軍転法成立を受けて一九五〇（昭和二五）年に転換事業計画等を作成する。『横須賀市史』によれば、事業計画は五ヶ年計画とし、港湾整備・街路網整備・都市水利・公共施設・住宅地造成・上水道・下水道・交通事業・平和産業転換誘致・観光施設・社会保健施設・教育文化施設など、一八事業の推進を位置付けた。そしてこの事業計画に基づき「軍転法が施行された二五年から三〇年までの五年間に…旧軍港四市の要望する数多くの旧軍用財産が処理決定されていった…本市分だけで三八件約一六二・四平方㍍の多きに達している。」（同右）とある。この五年間に軍転法の適用を受けた旧軍施設は、多くの市民利用施設や教育施設の他、企業施設・用地となり、市政に大きく役立つこととなった。

一九五〇（昭和二五）年から三〇年の間、軍転法の適用は戦後の市政推進の原動力となった。無償譲渡を受けた施設を国から買い取ることなど、当時の横須賀市の財政では不可能であり、戦後横須賀のまちづくりは、正に軍転法によって進めることが出来たといえる。

終戦後の下町地区

進駐軍による占領の開始当初、横須賀市内は緊張の中にあった。アメリカ軍の上陸と共に市中でのトラブルもあったが、軍施設や武器の引渡しについては米軍側が驚くほどスムーズに行われた。こうして終戦直後の市中は恐れられていたほどの混乱はなく、市外へ自主的に逃れていた市民の多くも半信半疑ながら戻ってきた。

しかし大規模な空襲が無かったとはいえ、横須賀鎮守府と海軍工廠の関係者を顧客としてきた下町地区の商業活動は、終戦と共にその機能を根底から喪失していた。そのため終戦直後の下町地区では、他都市と同様に闇市が横行した。しかし下町地区では早期から商業活動の健全化が図られ、日用品販売の「マーケット」も開かれるようになった。

「こうして、二三〜二四年頃になるとヤミ市は商店街へ変貌し、商店数も増加していった。また米海軍基地に近い地域には米軍人相手の土産物販売店（スーベニア）も登場し、商業は活気を帯びるようになった」（新横須賀市史）

旧横須賀鎮守府前に位置する元町は、かつては海軍の御用商人達の店が並ぶ一帯だった。戦後は進駐軍基地の門前町となった元町には、米兵相手のスーベニアショップが建ち並んだ（図27）。当時のスーベニアショップの一部は、今日も営業を続けている。

朝鮮戦争（一九五〇〜一九五三年）が勃発すると、市内の活気はさらに加速した。

図 27　元町（現在の「どぶ板通り」）に並ぶスーベニアショップ（1940 年代）

「前線で必要な大量の物資の調達が行われ、民間企業への物資発注や労務提供がにわかに増大し日本経済は特需景気に沸くことになった。横須賀市では…「この間に業者が扱った労務供給量は金額にして約二億円」ともいわれ、これが賃金となって出回るようになった…（昭和二五年）一一月の市中の様子は特需の景気のせいもあつてか各商店、デパートの七五三の祝品売場は大繁昌、売子たちは嬉しい悲鳴を挙げていた」（横須賀市史）

　左記の「デパート」とは一八七二（明治五）年に元町地区に開店した「雑貨屋呉服店」が発展した商店で、一九二九（昭和四）年から「さいか屋」の商号を用いていた。当時の社長、岡本傳之助は戦時中の横須賀市長や衆議院議員などの公職を務めた。

「創業八十年を迎えた昭和二十七（一九五二）年かねてから念願の木造旧館部分の改築を計画、翌二十八年十月十五日鉄筋コンクリート造り地下一階・地上五階建延千七百八十八坪（五，九一〇㎡）の本格的な百貨店店舗が完成しました」（さいか屋小史）とあるように、下町地区の真ん中には鉄筋コンクリート造五階建ての「デパート」

がそびえ建った。

昭和二〇年代後半になると、下町地区では新たな建設活動が始まり、市街地の近代化が進む。その嚆矢となったのが「さいか屋」であり、京浜急行横須賀中央駅の建設であった。一九三〇（昭和五）年に湘南電鉄によって開設された横須賀中央駅は当初より、横須賀中心市街地への玄関口として機能してきた。一九四八（昭和二三）年に京浜急行電鉄が発足すると、駅舎も近代化された。

こうして「昭和二四、二五年ごろから、商業がしだいに生気を取り戻し、…商店の増加率が人口の増加率をはるかに上回っている…市民の物質生活が生気を取り戻していく社会情勢の一端を物語っている」「売上額の増加率は、従業者の増加率の一・八倍に達するほどの効率である」（横須賀市史）とあるように、終戦からわずか五年ほどで下町地区の商店街は甦った。

しかし朝鮮戦争後の一九五三（昭和二八）年頃には、早くも軍需景気後の不況が訪れる。このため米軍の特需会社として戦後に進出した企業の一部は大打撃を受けた一方で、神奈川県全体に対して横須賀の駐留軍労務者の雇用状況は、さほど影響を受けなかった。これは朝鮮戦争の終結が一時的な休戦であり、その後の東西冷戦の本格化が影響したものと考えられる。

東アジアにおける東西冷戦は日本の占領政策を大きく変換させ、公職追放の解除や共産党勢力の排除等が進んだ。サンフランシスコ平和条約の発効によって連合軍による占領は終了し、日本は独立を回復する。しかし講和条約と同時に結ばれた日米安全保障条約と日米行政協定により、日本海軍の軍港都市横須賀は、米軍基地の街として生まれ変わった。横須賀においては朝鮮戦争後も駐留軍の減少は見られず、従って駐留軍に奉仕する労務者数も、大きな影響を被らなかったのである。

## 第四章

# 耐火建築促進法と全国の防火建築帯

## 耐火建築促進法制定の背景

### 都市不燃化運動の始まり

戦前から既に、近代的な都市づくりへの流れは建築界にあっても議論されていたが、戦後に至り、日本の主要都市において近代都市建設を目指した動きが活発化していた。しかし戦後の日本においては、近代的都市の必要条件である「都市の不燃化」という命題を乗り越える必要があった。『都市不燃化運動史』（以下、運動史）が「都市が不燃化され、従って防災化されていることは、近代的都市としての基本要請である。そして、それは又、同時に、近代的都市として具えなければならぬ各種の条件をもつための前提条件でもある。」「我国の都市は果して近代的都市の名に値するか。…東京や大阪に於てさえ、中心官庁街、メインストリートの表側を除けば、みすぼらしい長屋然たる極小木造建造物の櫛比である。」と記すように、戦後の日本各都市の近代化は、まず都市の不燃化を具現化することに主要な力点が置かれていた。

都市の不燃化に対する取り組みは、わが国でも一九一〇年代から、特に大都市において、その必要性が議論されている。一九一九（大正八）年には、都市計画法と市街地建築物法が制定され、東京のほか、五大都市（大阪、名古屋、京都、横浜、神戸）に防火地区が指定された。そして「大正十二（一九二三）年関東大震災による東京、横浜の主要部の潰滅を復興するため、「特別都市計画法」が制定され、…防火対策としては復興建築物に対し「防火地区建築補助規則」が設けられ、当時の金額で約二千万円の補助金を交付し防火地区の建設を諮った。」「この制度の運用は昭和九年函館の大火（一九三四年）の際契機として全市に指定されたのみで他の都市に及ばない。」「昭和二十五（一九五〇）年建築基準法が公布せられ市街地建築物法、臨時防火建築規則は廃止され、甲種防火地区は「防火地域」に、乙種防火地区及び準防火区域は「準防火地域」にそれぞれ継承され現在の制度となったのである。」「然し、防火地域の運用は…中小都市にあっては全くこの制度の活用がなされなかった。」（運動史）とあるように、戦前から続く、国政としての防火対策は、あくまで大都市に対しての措置であり、地方都市の不燃化は、まだ手付かずであった。このような情勢の中で一九五二（昭和二七）年、耐火建築促進法が制定される。

耐火建築促進法の成立には、日本建築学会を中心とした活動の影響が大きい。終戦の傷跡癒えぬ日本の各都市の状況の中にあって、日本建築学会に対して、その重要な役割を提言した論文がある。『建築雑誌』一九四八（昭和二三）年九／一〇月号掲載の「復興建築と不燃化をどう促進するか」と題した、当時の参議院議員 兼岩傳一による文章である。兼岩は、不燃建築を日本の都市に具現化していくためには、次のような運動が必要であると述べている。

「動かさねばならぬ第一のものは政府では無くて、政府の主人たる國會でなければならぬ」「國會を動かすためには政黨を動かさねばならぬのだ。…しからば黨の政策は誰が立案するか？…政黨の政務調査會が、今日の段階で、獨力で立派な建築政策を企劃し策定することは容易では無い。…私は建築学會が立派な政策を樹て、これを各黨の政調會に提出し、徹底的に説明されることを提案する。」「最後に重要な點は政調會およびその黨を動かす力はどこに求められるべきかである。政黨を動かすためには、…決定的なもう一つの條件を必要とする。それは國民大衆の支持である。」「建築学會も國民大衆から游離し孤立した存在である」と記したように、兼岩は、日本建築学会が国民の支持を背景として不燃建築によるまちづくりを提唱して運動することが、都市の不燃化における必要条件であり、そのためには学会の主張が国民大衆に受け入れられることが重要であると述べる。そして、そのことが結局は、都市の不燃化の実現に至る唯一の道であることを示唆した。

また、兼岩が記したように、時代の趨勢は戦前の国家主義を離れ、民主的な新憲法の流れの中にあって、国民主権の名の下に、都市不燃化の実現を図ろうとしていた。しかし、昭和二三年当時の各都市、特に戦災を受けた全国ほとんどの都市においては、いまだに住む家もなく、食べるものも少ないという生活水準を鑑みれば、不燃建築（例えば、鉄筋コンクリート造の建築）による都市の再生は、夢のまた夢であったであろう。

兼岩の論文が発表された五年後、耐火建築促進法が施行された一九五二（昭和二七）年の翌年にあたる一九五三（昭和二八）年の『建築雑誌』八月号には、「都市の不燃化に対する思い」について二本の論文がある。一つは「都市不燃化について」と題した参議院議員 石井桂によるもので、「大震災の直後は耐火構造に対する国庫の補助金も、建築費の三分の一が与えられたが、それでいて今次の戦争終了迄に出来たビルの数は僅に約二四〇〇棟に過ぎなかった。…然も相変わらず東京は約百万棟以上の木造建築でうづまってしまった。」「我国の民度から不燃構造の採用は無理だと云う理由であろうと思ふが、…たとへどんな耐乏生活をしても不燃都市の建設は続けなければならない。」「外国都市の成功を見るとき、独り我国の都市のみが不燃化できぬ理由は無い。」「何度も同様の災害を繰り返す最大の原因が民度による木造都市の故であるとすれば、そのつみ《ママ》は国民に対する不燃構造についての啓蒙の欠如と政府の不燃建築奨励への熱意の不足によると断ぜざるを得ない。」と記している。

ここにおいて、石井は「外国各都市が、大火による教訓を踏まえ、不燃都市の実現を果たしたことを例に、わが日本国に於いても、できぬことがない」とし、都市不燃化に対する運動の重要性を示唆している。

しかし、既に東京においても、その殆どが木造建築によって町が再生されつつあった。現代においては、大災害の後の復興計画では、段階的な計画が必要なことがわかってきている。すなわち災害直後においては何よりも急速な整備が求められ、仮設的な整備が優先される。その整備も、都市公園などの公的な場所を臨時に開放して、これに対応する。やがて生活水準が安定すれば、徐々に仮設的な整備は行われなくなり、公園は元に戻され、計画的な復興が促される。しかし現在においても、このような理想的な復興計画が、計画通りに進むことは困難である。昭和二〇年代の東京にあって、バラックや闇市による生活が日常化されている町に対し、不燃建築ができていないことを嘆いても、当時としては難しかったと考える。

もう一本の論文は「諸君に訴える」と題した、都市不燃化運動の中心的メンバーであった東京工業大学教授田辺平学のものである。

「悲願〝不燃都市の建設！〟終戦後、この題下に、私は必死になって、全国の都市を北から南へ、東から西へ、指導層の人たちに呼びかけるべく、防火診断を兼ねての講演行脚に飛び回った。」「その間、幸いにもわが建築学会には「都市不燃化委員会」が生れ、民間では「都市不燃化同盟」が活動を起し、政界にも超党派の「不燃化促進議員連盟」が結成を見た。これらの諸団体の総力は結集されて、遂に政府と国会とかを動かし、〝耐火建築促進法〟の公布を見るに至った。」「しかし不燃都市建設の前途は暗い。わが国の為政者の多くは、耐火建築が国富の蓄積であることを知らない」「この現状を打破し、長夜の夢を醒まし、祖国を木造亡国から救うものは、われわれ建築家以外にない。…〝世界一の火災国〟の汚名をそそぎ、子孫を火の呪いから永遠に護らなければならない。」「最後に、都市不燃化の成否は、国民の良識と意志力によって決定する、経済力の問題では決してない。…問題は今後の努力と実行如何である。建築家の諸君、特に若き建築家の諸君！…将来のわが国建築家にとって、不燃化以上に大きな問題はない。不燃化は意匠・計画・材料・構造・都市計画・住宅問題のすべてに先行する。」という、悲痛とも感じ取れるくらいの主張である。

田辺は若い建築家に対して、都市不燃化の重要性とそこに向かう必然性を訴えている。この文章からも感じ取られるように、彼は「不燃都市建設」の悲願を胸に抱き、全国各都市に対して自らの主張を述べつつ運動を繰り広げていた。その熱意は、この文章からも十分伝わってくるものがある。

一方、終戦直後の日本の都市生活民の多くはバラックに住み、餓えないために身近なもので煮炊きをしてしのいでいた状況であったためか、各地で大火が多く発生していた。そして昭和二〇年代の後半にもなると、ようやく生活が安定し始めた。国民の意識も徐々に、不燃都市建設への意向が広まっていったものと推測できる。もちろん、そこには田辺をはじめとする多くの論者が、その必要性を説いて回ったことも、功を奏した一因であったに違いない。

このように、耐火建築促進法制定以前の日本の各都市では、都市の不燃化を目指す運動が芽生えていたが、その実現への道のりは、まだ明確になっていなかった。

## (社)都市不燃化同盟の設立

「戦後間もなく開始された都市不燃化運動は当時の建築界の主要命題でもあった。…その成果の一つに、後の都市再開発法につながる耐火建築促進法の制定(一九五二年)が挙げられる」(初田、二〇〇七)とあるように、各界の主要命題であった不燃建築による都市の再構成は、時代的な要請を背景とするようになっていた。そして、これを促すための法整備である「耐火建築促進法」の制定には、「社団法人　都市不燃化同盟」の発足とその運動が大きな功績として挙げられる。

その経緯は以下の通りであった。まず「一九四六年十一月二二日東京工業大学教授田辺平学は建築学会において「国土再建と建築家の責務」と題して講演を行った。田辺は運動の最大のイデオローグと目されていた人物であり…「不燃都市の建設こそ、今日我々に課せられた最大の責務であり…輿論を喚起し、是非とも不燃都市の建設を国民運動たらしめなければならぬ」と述べた」(同右)

そして「都市不燃化同盟の結成は、昭和二二年（一九四七）建築学会に設置された都市不燃化促進委員会の委員であった田辺平学（東京工業大学教授）による「不燃化に関する限り、すでに技術の問題でなく、政治の問題である。まず、世論喚起につとめて下から盛り上がった不燃化運動を起こし、政治に反映する以外に処置なし」と言う提唱に始まる。」「呼びかけに応じた関連学会、協会、産業団体などからの代表者百名余を集めて、昭和二三年十二月に創立総会が開かれ社団法人都市不燃化同盟が発足」（運動史）となった。

「田辺を中心とする建築学会の活動がその（都市不燃化同盟の）結成の直接のきっかけであった。終戦直後の一九四五年十一月に…不燃建築物による都市復興を既に表明していた建築学会は、一九四七年七月に都市不燃化委員会を設置し、不燃化促進のための調査研究に着手した。…ついに一九四八年十二月十六日、佐野利器議長の下で、「同盟」の創立総会にこぎつけるのである。」（初田、二〇〇七）とあるように、田辺の活動や提唱が一つのきっかけとなり、「社団法人　都市不燃化同盟」が発足した。この当時、前述した参議院議員 兼岩傳一の記述にもあるように、都市不燃化を目指すための国政としての具現策を導き出すためには、国民的な運動が必要不可欠であるという認識が広まっていたものと思われる。

（社）都市不燃化同盟は、その目的として、「第三条　この同盟は、都市の不燃化についての国民の関心を高め、科学技術と政治との融和を図って、わが国都市を完全に防災化せる文化都市に再建せんとすることを目的とする。」と掲げており、その対象は主要都市だけでなく、全国各都市の不燃化を目指していた。これは『運動史』に「増加して来た耐火建築物の建築活動も主として都市において行われているもので、昭和二十六年度中に…中六大都市のみの鉄筋（鉄骨）コンクリート造建築物の建築量の合計は四〇七、二七二坪で、全国の約四九．六％に達している。」と記されているように、耐火建築物が大都市にのみ建設されている現状を踏まえ、都市不燃化同盟は、あくまで全国規模の全国民を対象とした都市の不燃化を目指した。

「同盟」は会長に高橋龍太郎（日本商工会議所会頭）、理事長に飯沼一省、副理事長に戸田利兵衛（全国建設業協会理事）、知事に伊藤滋（日本建築学会会長）…合計一二九名（一九四七年七月時点）が参加するなど多様な分野の有志が集まった。…学界、建設省官僚、産業会の三分野にわけることができ、また産業界を細かく見た場合、商業団体、建設業者、損害保険業者、消防関係者という六分野に分類できよう。」（初田、二〇〇七）とあるように、（社）都市不燃化同盟は、その名称の「同盟」が示すとおり、その組織は関係各界の同志の集合体でもあった。これは、戦後復興の姿かたちが見えてきた当時の日本の様々な分野において、不燃都市建設の命題が共有されていたが故の現象であったといえる。

また、その活動については「様々な活動… ①住宅金融公庫による不燃建築への融資 ②公共建築物の不燃化 ③耐火建築への助成金交付 ④防火地区の防火建築の徹底 ⑤耐火建築促進のための土地収用制度整備が繰り返し提出されている…そしてこれらのうち、①が一九五〇年の住宅金融公庫設置及び中高層耐火建築物等建設資金融資通制度創設、②が一九五一年の官庁営繕法、③が一九五二年の耐火建築促進法として法制化が実現」（同右）とあるように、「同盟」を組織する各界のさまざまな分野で、それぞれ実績を残した。しかし、「（「同盟」の執行機関である理事会の下の事務局幹事は：筆者要約）いずれも官公庁関係者、それも建設省住宅局の人々が多くを占めている…理事など対外的な主要ポストには民間人が就任していたが、その内部で活動を担ったのは建設省の官僚たちであった。」（同右）とあるように、（社）都市不燃化同盟の実質的な活動部隊は、あくまで建設省住宅局の官僚であり、その事務処理能力が、関係各分野の総合的な調整を行いつつ、耐火建築促進法などの法整備などの成果につなげたのであった。

一方で『運動史』が「都市不燃化同盟は創立一周年を機として、創立当初からの宿望である国会との緊密化をはかるため、会長であり、当時参議院議員であった高橋龍太郎氏を始め、衆議院議員山崎猛氏、江崎真澄氏、田中角栄氏、内海安吉氏、上林与市郎氏、飛鳥繁氏等を中心とする、超党派「不燃化促進議員連盟」結成の準備を進め…昭和二十四年十二月発会式があげられた」と記するように、国会においても新たな動きが稼働していた。これは、前述した兼岩の主張の筋書きにあった動きでもあり、法整備への下地づくりは、こうして固まったのである。

## 耐火建築促進法の施行

耐火建築促進法（昭和二七年）成立の背景

「一九四九年九月二日「同盟」は、…政府が耐火建築に対し助成金交付を行なうことなどで一致を見た。これを受けて建設大臣及び国会に対して建議がなされ、震災復興時の建築助成金制度を復活させ六〇億円規模の補助金の交付を行なうことが要請された。」「翌年四月の国会では彼ら（不燃化促進議員連盟：筆者）により「都市不燃化の促進に関する決議」が提案され、全会一致で可決された。…後の耐火建築促進法の立案と予備審議がなされていく」「国会決議を受けて建設省住宅局は「耐火建築助成法案」の上程を決め、二六億円の予算要求を行った。」（初田、二〇〇七）と、ここまでは、建設省の官僚をはじめとする（社）都市不燃化同盟の幹事や代表者たちの描いたシナリオの通りであった。

「しかし、大蔵省との折衝の結果、規模はさらに縮小し、防火地区内に新設する助成地帯の一〇万坪に限定された。予算も地方公共団体にも一部の負担を求めることで、五億円に削減されている。ここに震災以来の懸案だった耐火建築助成制度がようやく閣議決定を見たのであった。」（同右）

政府機関の中にあって、大蔵官僚の力は強い。戦前の国家主義の余韻が残る時代において、その影響力は絶大であったことが想像される。これは、現在の行政機関のなかの財政部局が、未だに力が強いことからも想像できる。見方を変えれば、建設省の官僚たちは大蔵官僚との戦いに備え、国民レベルの運動や関係各界の代表者との同盟を組み、シナリオを描いたとも推測できる。

（社）都市不燃化同盟の活動部隊が、事務局幹事の建設省官僚であったことは述べたが、そのなかにおいても特にキーマンであったと考えられる人物が、同盟幹事の唯一の主査であり、建設省住宅局建築防災課長の村井進であったことが、その肩書からも推測される。『建築雑誌』（一九五三（昭和二八）年八月号）中の村井の記述によると、「耐火建築の促進に就いては「経済力の不足でなく、意志の不足」との意見もあり、或は東京の戦災写真に添へた「科学なき者」と云ふアメリカの意見もあるが、…耐火建築の建築費が木造に比して甚だ高いと云ふことが、耐火建築を行い難い最大の事由であると思はれる。…その耐久性を考慮に入れた木造建築との経済比較について既に種々の発表が見られるが、未だに真に納得し得るものがない。その多くは、耐火建築を有利に見せるためにその仮定に於て相当の手心が加わってゐる様である。…耐火建築の耐久性が如何に高くとも、耐火建築を有利と結論することは…困難である…この点から、耐火建築の促進には経済的援助を第一とする要望が生れてゐるのである。」とある。

戦後、都市不燃化の論議は、建築界を始めとして多くの識者によって行われていたが、村井は、いかにも官僚らしく、冷静に現実的な具現策を考えていた。村井はさらに、「経済援助と云っても、現在の市中金融から資金を得ることは困難であるから、資金は、国の資金に依存しなければならない。」（同右）と続ける。村井は、都市不燃化を進めるための、現実的な補助制度の成立とそのためのロードマップを考えていたのかもしれない。その考え方や手法とは、前述した兼岩の記述にあるように、日本建築学会が不燃建築によるまちづくりを提唱し運動すること、そして国民の支持を得つつ、政党、さらに議会、国会の議論を経て、法制度を確立するというシナリオであった。その意味において、村井は建設省住宅局建築防災課長の職務と（社）都市不燃化同盟の幹事主査を兼務することによって、自らの意思を具現化させるべく活動し、その成果が耐火建築助成制度として閣議決定するまでに至った、と推測することもできる。しかし、このシナリオは、大蔵省という壁にぶつかった。議論の展開が行われた結果、建設省住宅局による二六億円の予算要求に対し、区域は十万坪に、予算は五億円に削減されることになった。この経緯の背景について、村井は次のような記述を残している。

「補助金の交付と云うことになると、…それが行われることが著しく公共の福祉を増大するものであることが明確に証明される必要があり、ここに耐火建築の内で最も公益的な性格を持つものに限定したものを考へなければならないことになった。」（同右）

この「…となった」の言葉の経緯・背景には、何が隠されているのだろうか。村井自身が耐火建築促進法の成立の際、（社）都市不燃化同盟に向けて書いた同法の解説（一九五二年）がある。ここでは、「昨年度も五億圓が、一旦政府の内定を見ながら、司令部の承認を得られなかった…これは個人に対する補助である。個人に対して國からの援助はいけない、また耐火建築物を建てることは建築主の利益であって、補助の必要はない。」と語っている。つまり、当初の法律（案）では、あくまで「耐火建築物を建設するための助成法案」であったが、大蔵省との折衝や「司令部の意向」のため、耐火建築物であろうと特定の個人の財産・所有物である一つの建築物に対しては国費を投入することができない、という議論があった。そして、「ここに…公益的な性格を持つものを考える必要が応じた。」この時の心情について、村井は「私が主管の課長であり、非常に落膽し…只今ここに御出席の石坂先生から「耐火建築の促進等はそう簡單にできるものじゃあない。氣狂になってやれ。」という御激勵を頂きまして…また氣を取直して、…」（同右）と記している。

そして、「都市に於て最も恐れられる大火災の防止と云ふ意味で、防火地帯、特に路線防火地帯の完成が急務であるが、この防火地帯を構成する耐火建築となればその公益性は充分に認められよう。事実一様の耐火建築の存在が火災の延焼を防止して多数の建築を救った例は極めて多く、…消防活動の拠点としても非常に有効なものと認められている。…この考へ方に基いて、今回の法律で云ふ防火建築帯と云ふ構想が生れている。」(村井、一九五三)という結果を導き出したのである。

こうして村井は、補助金の交付は公共の福祉の増大を対象にしなければならないこと、つまり個人財産はその対象に出来ない、という原則論に対抗する理論武装として、都市の大火において最も恐れる延焼の拡大に対し、これを防ぐための防火壁の役目をもつ「防火建築帯」という理論を導き出した。この記述が村井自身の発想に基づくとするならば、「防火建築帯」という言葉の生みの親は村井ということになる。この語が意味するところは、市街地の延焼の拡大を防ぐことを目的として、耐火建築物を帯状に連ねた建造物であり、これならば公共の福祉の貢献に値するものである、という理論であった。この「防火建築帯」という語句について村井は「防火建築帯という考え方は別に新しい考え方ではございません。」とし、明治十四年東京の市区改正条例の防火路線及び大正九年市街地建築物法の路線式防火地区を先行例として挙げ、「この考え方を入れまして防火建築帯を作っていいます」(同右)と語っている。

ところが、これで話が決まるわけではなかった。一九五〇(昭和二五)年の末、ドッジラインによる国家予算の見直しが行われたのである。ドッジラインとはGHQ経済顧問の米デトロイト銀行頭取ドッジの指導に基づき、経済政策の一環として徹底的に補助金の削減を行ったもので、戦後日本のインフレーション収束には必要な政策であった。結局、法案は国会で可決されなかったものの、大蔵省との折衝によって二億円の経費の計上が決定し、一九五二(昭和二七)年五月「耐火建築促進法」が成立した。その概要は次のとおりである。

本法の目的：「都市における耐火建築物の建築を促進し、防火建築帯の造成を図り、火災その他の災害の防止、土地の合理的利用の増進及び木材の消費の節約に資」すること（第一条）。

防火建築帯造成の原則：「防火建築帯は、都市の枢要地帯にあつて、地上階数三以上の耐火建築物が帯状に建築された防火帯となるように造成されなければならない」（第二条）。「都市の枢要地帯」とは、具体的には中心市街地の商店街が想定されていた。

防火建築帯の指定：建設大臣の指定によるが、「あらかじめ、当該市町村の長及び当該市町村を包括する都道府県の知事の意見を聞かなければならない」（第四条）。

補助の対象：防火建築帯の区域内において「地上階数三以上のもの若しくは高さ十一メートル以上のもの又は基礎及び主要構造部を地上第三階以上の部分の増築を予定した構造とした二階建のものであるときは、当該耐火建築物の地上階数四以下及び地下第一階以上の部分」を対象とする（第六条）。防火建築帯を構成する耐火建築物の四階までの部分、かつ指定された防火帯線より奥行一一mまでの範囲が補助対象とされた。

さらに、地方公共団体にも負担させることになった補助負担割合などの経過について、村井（一九五三）は「補助と云ふものは、…受益の度合を定めて、補助額を決定することとなってゐる。この耐火建築の場合、その建築による受益者としては、建築主自身、地元地方公共団体、それに国…この都市の属する府県があるので実際は四者と云ふことになる」と記している。この補助額の均等化という議論が、大蔵省官僚の発想なのか、村井らの建設省官僚が考えた理論だったのかは不明である。しかし結果として、予算削減と同レベルで地方公共団体への負担が位置づけられた。

表5　戦災復興期から耐火建築促進法成立までの主な動き

| 年 | 概要 |
|---|---|
| 戦災復興期 | 日本建築学会を中心とした都市不燃化に向けての活動<br>(東京工業大学教授　田辺平学　の提唱) |
| | コンクリートブロックなど民間建築業や損害保険協会などの活動 |
| 1948<br>(昭和23) | (社) 都市不燃化同盟　創立<br>　学会、建設省官僚、産業界 (建設業、保険業など) |
| | (社) 都市不燃化同盟の実働は建設省官僚が担っている<br>(建設省住宅局建築防災課長　兼 (社) 都市不燃化同盟幹事主査　村井進) |
| 1949<br>(昭和24) | 超党派「不燃化促進議員同盟」結成 |
| | 「同盟」としては、震災復興時の制度を参照し、60億円規模の補助金を要請 |
| | 「都市不燃化の促進に関する決議」全会一致で可決 |
| 1950<br>(昭和25) | 建設省住宅局「耐火建築助成法案」上程　26億円予算要求 |
| | 大蔵省との折衝の結果、5億円に削減され、耐火建築助成制度が閣議決定 |
| | ドッジライン (GHQによる緊縮財政予算見直し) による予算削減 |
| | 個人財産に対する国庫補助金は出せない<br>→都市の延焼を食い止める防火建築帯の造成に対する補助 |
| 1952<br>(昭和27) | 5月　「耐火建築促進法」成立　2億円予算 |
| | 耐火建築助成法案→耐火建築促進法 |

＊　初田香成、戦後における都市不燃化運動の初期の構想の変遷に関する研究 (耐火建築促進法成立の背景)、(社) 日本都市計画学会都市計画論文集　№42-3、2007年より抜粋

同じく村井 (一九五三) が「補助の基本額としては、耐火建築と木造建築の建築費の差額が考へられれば充分であると云ふことになる。…この耐火建築の受益の度合を定めて、補助額を決定することとなっている。…其処で、建築主が補助基本額の一／二、公共団体が一／四、国が一／四と定められた。」と記すように、それぞれの負担割合が定められた。この事業費に対する国費と受益者負担の考え方は、そのまま、現在の再開発法にまで引き継がれている。このような経過について、初田 (二〇〇七) は「建設省官僚は当初の「不燃建築ということ自体が公共性を有する」という議論から、公共性のハードルをあげることで妥協し、縮小を受け入れる論理を構築した。」と結論づけている。

もう一つ、村井は耐火建築促進法成立に関して、大きな問題点が議論された経緯を述べている。

「現在の都市の宅地は中心部となればなる程零細な形で所有利用され、…耐火建築のような肉太い建築をする場合には非常に不利である。…この零細に分割された土地を併合して利用しない限り経済的に成り立ち難い場合が多い。都市の側としても、莫大な公費を投じて都市施設を行った区域が、そ

れ相当に高度に利用されない限り、都市施設経済から云っても大きな無駄があることになる。」（村井、一九五三）

つまり都市部においては、細切れな土地所有によって建築物が単体化されており、これを耐火建築に建替えても防火帯としての効果が薄い。国費による助成を図るのであるならば、土地利用の共同化及び高度化が図られなければならない、と訴えているのである。しかし、「土地の利用度を高めるためには建築物を共同建築の形で造り上げて行くことを考へなければならないことになる。所がこの共同建築と云ふことも、国民性から か、或はその例が尠いために利益のほどが理解されないためか、役所の推奨程度のことでは実現してゐるものは極めて少ない。…大抵は最後の僅かの人の反対で成立しないものが通例である。…今迄にも名案と云ふものは浮かんで居ない。」（同右）とあるように、日本の国民性からか、根本的には、これを解決する策がないことを打ち明けている。

そして結局、「土地の所有権、使用権と云ふものは、資本主義社会に於ては絶対に近いものであり、憲法第二九条にも「財産権はこれを侵してはならない。…私有財産は、正当な補償の下に、これを公共のために用ひることができる」と規定している。従って、他人の土地を強制的に使用することは、公共のために使用する以外に不可能なのである。…極めて少数の人により、その土地の権利を以て、これを妨害されたのでは、目的の遂行も困難な事態が生じるかも知れないので、…特別な場合として止むなく前述の公建築の方途によることを採用した。…防火建築帯が公共の福祉を増進するため、公共施設であると云ふ点を強調して、防火建築帯内に於て公建築を行う場合に限り、その土地は防火建築帯の耐火建築と云ふ施設の建設に用いられる土地として、土地の強制使用の途を開くこととなったのである。」（同右）とあり、「この點で法務府の理解を得るのに随分苦労しました」（村井、一九五二）と記している。

これは現在においても、再開発法に基づく共同化を図る際の大きな問題点であり、これを克服できれば再開発への道のりのおおよそをクリアできたものと考えられる。つまり、日本人の特性からか土地に対する執着心が強いため、共同化を図ろうにも、ほんの一部の反対者がいると「極めて少数の人により、その土地の権利を以て、これを妨害されたのでは、目的の遂行も困難な事態」（村井、一九五三）に陥り、すべてゼロベース、つまり、何もできなくなるのである。当時の建設省内においても同じ議論があったとみられる。結局、村井は「今迄にも名案と云ふものは浮かんで居ない。」（同右）と打ち明けているが、そのための方策として「公建築による土地の収用権の確保」というアイデアを考えついたのだった。

この考えに基づき、耐火建築促進法第十二条「防火建築帯の区域内における土地の使用」及び法十三条「土地の使用に代る収用の請求」という法文が出来た。その概要は、建設大臣が指定する防火建築帯内において、土地権利者の二／三以上の申出に基づき、当該地方公共団体が自ら三階以上の耐火建築物を建築しようとするならば、反対者の土地をも敷地として利用し、建築することができるとするものである。同法は、反対者の土地を収用する請求権までも位置づけたのである。

しかしその後、一部の反対者によって共同化をあきらめる事態は、現在に至っても全国各地で続いている。耐火建築促進法の適用事例などの調査でも、反対者の土地に公的建築物を建設した例は、あまり表れていない。これについて、村井自身も「このことは非常に難しい問題でありまして、特に私としては、専門外でありますので實に苦勞しました…この法律では、まだ共同建築を素直に作るというところまで參っておりません。…しかし、將來は共同建築が本來の姿でできますようにさらに努力をしたい」（村井、一九五二）「公共団体の手による共同建築の場合に限って、土地の使用権の収用を認めたのである。この収用というようなことは、実際に行われることは、まずあるまいと考えられるが、この制度が後立てとなって、共同建築をする場合の所謂「不判者」の説得に役立つことと思われる。」（村井、一九五四）と記述している。

なお、国会決議を受けて建設省住宅局が上程した法案は「耐火建築助成のための法案」であり、「耐火建築促進法」の名称が使われていない。当初の目的が、あくまで国費による耐火建築物への助成であったことがわかる。このあたりの経緯について、村井は「私共最初耐火建築促進法という名前をつけるのを非常に躊躇いたしまして、むしろ防火建築帯促進法という假稱をつけておったのでありますが、國會では「…將來、内容は擴充する意味で耐火建築促進法でよい。」という意見がございまして、それに従った」（村井、一九五二）とある。さらに「今後我々として最も努力していくべき点と考へるものは耐火建築の普及と云うことである。豪華なビルの一二が完成したとて、それは必ずしも耐火建築の普及にはならないのであって、むしろ廉価なもので、一般の人々が「この位のものなら私もやって見よう」と思うものが建築されることが好ましい」（同右）との記述から、その視野は都市防災のための耐火建築の普及という範囲を越えてはいなかったことがうかがわれる。

以上述べてきたように、耐火建築促進運動から耐火建築促進法の成立までのフィクサーは、村井進が率いる建設省の官僚であったといえる。

## 法制定後の都市不燃化運動

前述のように、終戦後の日本の都市政策分野において、様々な角度、各主体が起こしてきた都市不燃化への運動は、（社）都市不燃化同盟の動きと耐火建築促進法成立への道のりに集約されたが、結局、構想としては縮小となった法律制定という結果を迎えた。

そして初田（二〇〇七）が「当初の構想より大幅な縮小を経て成立した耐火建築促進法は、その過程で「同盟」の各運動主体に多様なベクトルを志向させることとなった」と記すように、革命を終えた各種運動体が一つの成果を機会に分解していくかのごとく、そのベクトルは、それぞれの分野に見合った方向へ進んでいった。

また、「結果として当初目指された住宅政策から、実際の現場においてはむしろ商業政策としての意味を持つものとなり、その結果、運動を離れていく主体も見られた」（初田、二〇〇七）とあるように、運動の成果として得られた法律成立という果実は、住宅政策より商業政策に、つまり、都市の中心部における商業機能の強化につながる結果となり、これに付随する産業や分野に絡む団体が、その後の運動を継承する形となった。

「「同盟」の活動も耐火建築促進事業の予算獲得をめぐる利益団体としての色彩を強めていくのである。」（同右）とあるように、国民総意の旗の下に開始された運動は結局、建設業や関連団体に利益をもたらすための組織が、その後の運動を継承していく形へと変貌せざるを得なかったのである。しかし、その始まりが、全国各都市を巻き込んでの運動であったがためか、その成果は大都市だけにとどまらず、むしろ地方都市の中心部の活性化に向けたカンフル剤となった。初田も「以後の都市不燃化運動は…地方都市における実際の事業において大きな意義を果たしていった」（同右）と、論考を締めくくっている。

そして、戦後から都市不燃化運動の母体となった（社）都市不燃化同盟は「同盟は昭和三五（一九六〇）年二月に解消を遂げている。その最後の様子は、詳しくは明らかになっていない。…同連盟は昭和三八（一九六三）年に全国都市再開発促進連盟に改称されている」（初田、二〇一一）と記されるように、全国各都市の中心市街地の整備を担う組織に変容し、各都市のまちづくりを推進することになった。

## 今泉善一と日本不燃建築研究所

「その生涯はほとんど知られていない」としながらも、初田は『都市の戦後』の中で、今泉の略歴を以下のように記述している。

### 建築家・今泉善一

「今泉善一は、一九一一年七月一六日に愛知県新城市に生まれ、一九二九年工学院建築本科を卒業し、同年九月大蔵省営繕管財局工務課に製図工として勤務している。」その後、山口文象の創宇社に参加、今井兼次を慕って早稲田大学の夜学を修了、マルクス主義に親しみ、共産党の地下活動に従事したが、大森第百銀行強盗事件で検挙される。一〇年以上の刑期を終え、一九四四年五月に出所した後は前川國男事務所に席を置き、工業生産住宅の開発を担当した。一九四六年七月に日本民主建築会を創立、今泉は企画担当の事務局を務める。翌年の新日本建築家集団（ＮＡＵ）の結成に際して、今泉は常任委員として名を列ねた。その後、前川事務所を出て、㈱東京建築設計事務所などを経て、一九四九年頃に今泉建築設計事務所を設立、さらに日本建設企業組合という組織を設立する。これは、設計から施工までを一貫して担当する共同組織であった。今泉はかねてから親交のあった東京大学工学部教授の坪井善勝に呼ばれて、一九五一年四月に（財）建設工学研究会に参加し、常務理事に就任した。

今泉の設計思想について、初田は創宇社時代の作品を例に挙げながら、「今泉が労働者のための共同住宅に強い関心を抱いており、合理的なプランニングを志向していた様子がわかる」（同右）とする。創宇社を主催する建築家山口文象は、展覧会に出品された彼の作品を「ル・コルビュジエの計画に先んじていた」と評価した。

この時期の創宇社は表現主義的な傾向がなくなり、「本当に人間的な建築」を追求しようとしており、今泉の存在は、その傾向を活気づけさせていた。また、今泉はＮＡＵにおいては今井兼次、海老原一郎と共に「創宇社・メテオール・マヴォー・ラトー」の講師を務め、またＮＡＵ集団設計委員会として池辺陽、海老原一郎と共に、八幡製鉄労働組合会館の設計において「共同設計の理想と方法論を確立する」ことを念願したという。

さらに初田は、今泉の建築活動について、「今泉は、…ほぼ一貫して都市労働者のための建築の設計と論説活動を行ってきた。規格化された住宅を大量に供給することを試行し続けてきた…戦後の危機的な住宅問題を概観し…住宅の規格化による工場生産が企業として成立しつつある」「これに対し、建築家の個性を発揮できない、住み手の個人的な要求に応えられない、といった反論」「私有住宅としてではなく、公共的住宅として建設せらるるものであり…単純な杞憂に過ぎない」（都市の戦後）と記している。そして、「今泉の主張はなかなか実現されることはなく、大分遅れて一九五五年に住宅公団が発足することになる。今泉自身はそこに関われる立場にはなかったが、今泉のなかでは国庫補助を受けて作られる商店街共同建築も個々人の店舗というより、公共的な共同住宅と捉えられていたのではないだろうか」（同右）と結んでいる。

初田はまた、今泉が小学校六年のときに関東大震災があり、焼土化した東京を復興したいという彼の子供時代の動機を紹介している。しかし今泉が活動した時代は、震災及び戦災からの復興と、労働者と国家の関係などの命題について、社会現象として議論されていた。その意味において今泉善一という建築家は、やはり時代の寵児であった。

そして今泉は、沼津本通り（沼津アーケード街、一九五三〜五四年）、大館市片町（一九五四年）の防火建築帯を、建設工学研究会の一員として担当する。その経過や成果は後述するが、この沼津での実績は、皮肉にも近代建築の理想を追求する池辺陽と、現実的な共同建築を地道に造り上げようとする今泉善一の分かれ道となった感がある。初田は、「（池辺は）こうした共同建築は過渡的な都市形態であると述べている…ここでは当時のモダニズム建築家の日本の商店街に対する視線の一端がうかがえよう。実際、沼津や大館での仕事以後、池辺は商店街での実際に設計から離れていくのである。」そして「（建設工学研究所は）池辺研究室関係者を中心とする団設計（連合設計社の前身）と、それ以外の今泉善一を中心とするメンバーに分かれていく。…一方、今泉は、一九五七年七月に日本不燃建築研究所を設立する」（同右）と記している。こうして今泉善一を代表とする日本不燃建築研究所は、全国の防火建築帯の整備事業に関わっていくことになった。

日本不燃建築研究所の活動

初田は、全国各地の防火建築帯の実施状況のまとめを「当時日本住宅公団に勤め、後に草創期の再開発コンサルタントとして独立する藤田邦昭が作成したもの」として『都市の戦後』に掲載する中で、その多くを日本不燃建築研究所が手掛けていることを指摘している。

日本不燃建築研究所は宇都宮市のバンバ名店ビル（一九五五～五六年）を始めとして、福島市スズラン通り（一九五六～五七年）、高岡市末広町（一九五六～五七年）、そして同研究所の集大成とも言える大規模計画となった魚津市防火建築帯（一九五七～五九年）を建設した。沼津や宇都宮、魚津の防火建築帯は従前の土地所有区画が継承された長屋方式の建築であるが、カーテンウォール（帳壁）や水平連続窓を用いた二、三階のファサードには一体感・連続感が見られる。

今泉は東京でも、亀戸駅北口十三間通り（一九五七～五八年）や蒲田中央ビル（一九五八～五九年）などを手掛けている。これらの防火建築帯の建設当時は共に、一階は通りに面して店舗群とアーケード（庇）を設け、二、三階はパネル状のカーテンウォールを用いた連続感のある壁面構成であった。今日残る建物は、外観がかなり改変されており、当初の一体感や連続感を欠いている。蒲田の防火建築帯は建設当初と階数が異なり、上部を増築したか、または建て替えられた可能性もある。日本各地に数多くの防火建築帯を設計した今泉の実績と経験は、横須賀下町地区の三笠ビル（一九五九年）建設においても十分に活かされることとなった。

今泉（一九五八）は「これらの規模のものが、それぞれ独立に不燃高層化を行う事は常識的にも非常に不経済であるかは自明であり、この零細土地割が如何に共同建築による高率の土地利用を希望しているか、がわかる」と記している。おそらく、今泉のこれまでの建築活動から、戦後、日本の各都市の状況が、人間的な家庭家族生活が成り立たないような土地所有形態になっていることへの批判が表れている。そして、これを解決するための方策として、共同化による土地高度利用を図ることを目指したことが読み取れる。

また「私の経験からも、共同化の不可能な事態は常に土地の所有関係の解決の複雑、困難さから来ているものが非常に多いのであることを知っている」（同右）とあるように、もともと木造密集地の多い日本の都市において、共同化する場合の土地権利関係の調整が、困難極まることも吐露している。今泉は、自分が手掛けた各都市の共同ビルの平面図と断面図を比較しているが、そこにはいかにして狭い土地を共同化、高度利用し、住みやすい建築空間を実現するかに苦心している様子が表れている。特に断面計画においては、道路空間と建築壁面線との関係に工夫を凝らしており、店舗前の空間構成は各都市で少し異なる納まりとしている。

しかし、結局は「問題は、前から述べて来たように、今日の吾が国都市の土地分割は全く建築規模を無視した零細土地として存在していることであり、又その所有、賃貸、権利関係は非常に錯雑している。…官庁は明確な将来計画を持たずに、ただ政治的に区画整理を施行して、道路を広げ、広場をつくる。そのあとへ、建築家はそれぞれ与えられた条件の中でのみ勝手に計画を進めている」（同右）と記述しており、多くの不満を抱えながら設計活動を続けていた様子がうかがわれる。

その中で、今泉は「路面建築帯、店舗付共同住宅等に関係して、それを望む地元の人々の声があがって来ている事、これこそ、官庁、地元の人々と、建築家が一体になって企画の当初から、都市計画の在り方、再開発計画の具体的な方策について討議する態制をつくり上げるべく真剣に努力しなければならない時期に来ている」（同右）と記している。今泉は各都市の防火建築帯の共同化を手掛けるなかで、おそらく、このような社会状況を打破するための新しい力として、地元の協力者たちの熱意を感じ取っていたのだろう。つまり、権利関係が錯綜する狭小な土地関係の調整作業においては地元の熱意が不可欠であり、地元で人々をまとめる人格者が現れないかぎり、実現が困難であることを実感していた。一方で、このような動きが地元側に現れてきたことをエネルギーとして、日本のまちづくりの方向性に一筋の光明を見出したかのようでもある。そして最後に、「零細土地分割の排除のため、土地の立体換地の問題、地上階の公共用歩廊建設の合理計画の立案、電気、電話線の地下埋設、その他不燃高層建築の共同化への諸立法の整理を望む」（同右）と、まとめている。

## 防火建築帯の造成

### 初期段階における全国の防火建築帯

耐火建築促進法は、その成立の段階で、個人財産への助成ではなく、公共の福祉に属するものであることが大きな議論の争点であった。つまり、「防火帯を構成する耐火建築を促進することによって、都市の防火施設を造成するという考え方」（村井、一九五四）であった。このため、耐火建築促進法による防火建築帯の指定は『日本の都市再開発史』（以下、再開発史）に「この種の防火帯はその位置としても、都市の最も建築密度の高い所にあることが適切であり、そこは、又その都市の中心部であって、都市においても、都市施設のため、最も多くの投資を行った所でもあろうから、これを最も効率的に利用するため、それにふさわしい重層の建築が行わなければならないところでもある。」と記されているように、商業的機能が集中し、交通機能が結束する都市の核となっている場所が選択された。さらに「・防火建築帯としての効果とその区域内の経済力とを考慮してなるべく都市の中心部の繁華な商店街を選択する。・現在の建築物の状況や区画整理の進捗状況、地元の熱意等によってはそれらを十分考慮して都市中心部の繁華な商店街以外をも指定しうる。」(再開発史)と記されたように、全国各都市の中心市街地やそれに応じた区域が防火建築帯建設の対象となった。

そして「昭和二七〜三〇年度に造成された防火建築帯は全国五三都市で計一二三〇棟、国庫補助対象床面積は三四七〇〇五平方メートルであった」(同右)と記すように、その指定は全国に展開された。

防火建築帯造成の実例・その一(鳥取市)

昭和二〇年代の防火建築帯造成事業について、日本不燃建築研究所代表の今泉善一は、「今日迄その建築主が不燃高層化への動機、又、全国各都市の商店街不燃高層化へと推し進めているものは次の三つが尤も大きな動因となっている。その一つは、都市の中心部が大火により全滅し、その復興のために再建される場合。…次は、都市計画事業による場合で、…都市計画、区画整理事業に当り、先覚者の指導と地元の人々の協力を得て、商店街の不燃高層化が実現していくものである。…第三のものは、…新しい商店街の発展のための街ぐるみの共同不燃化への目覚めである。」(今泉、一九五八)と記している。また『再開発史』は「①大火が発生し、その復興の際、防火建築帯による都市不燃化を志した鳥取、大館、新潟。②都市計画の実施(多くは、戦災復興事業)の必要上、駅前広場造成や道路拡幅に合わせて当該地の共同不燃化を図った例。小樽、宇都宮、柏、沼津、

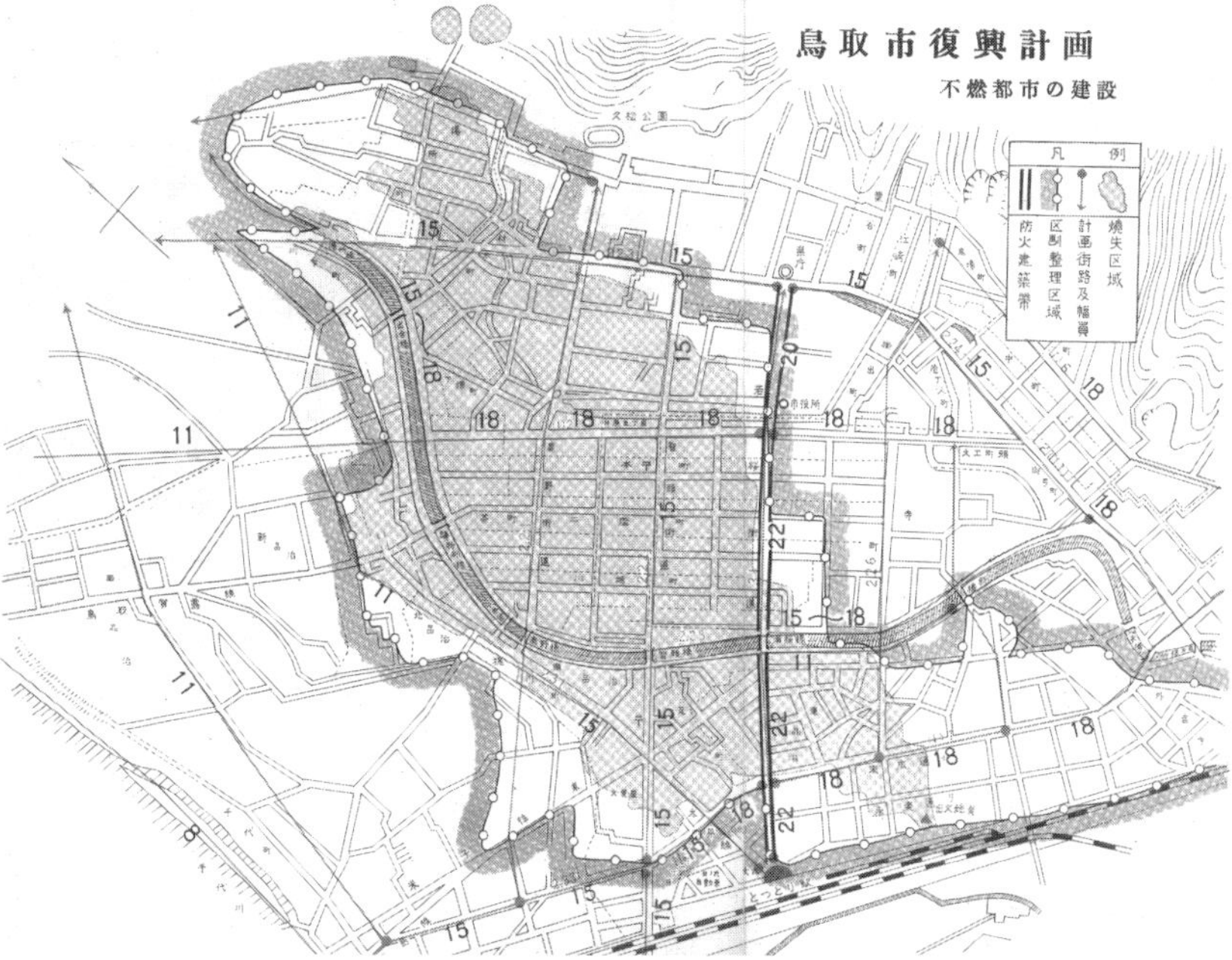


図 28　防火建築帯の建設範囲（鳥取市復興計画、1952（昭和 27）年）

図 29　若桜街道の防火建築帯（鳥取市、1955（昭和 30）年）

蒲郡、高岡、大垣、京都、堺、岡山、門司、八幡など。③接収解除地の復興に際して不燃都市化をめざした横浜。④地元の自発的な動きが成果として表れた名古屋。」と整理している。もちろん、このような机上の整理だけでなく、都市火災と地元の熱意の双方、あるいは区画整理事業との関係性など、実際には様々な事情が複合的に関係していると考えられる。ここでは、その中の代表的な事例として、鳥取市、沼津市及び横浜市の防火建築帯について考察する。

一九四三（昭和一八）年九月一〇日、鳥取市で大地震があり、震災復興都市計画事業が実施されたが、戦中でもあり、思うような都市改造ができず、防火帯も形成されなかった。そのため、一九五二（昭和二七）年四月一七日の火災発生において、旧市街地の大部分が灰燼となった。そこで、県施行によって火災復興土地区画整理が実施された。南北方向には、旧袋川を防火帯として機能させるように緑道を整備し、東西方向の若桜街道の両側を防火地域とすることにより、市街を四分割して防火区画を形成させるという考え方であった。この鳥取大火の二か月前、建設省は都道府県に防火建築帯指定の調査を行っていたが、全国で唯一、鳥取市のみが実施する意思のない旨を回答していた。ところが鳥取大火発生時、まさに国会では大火建築促進法の審議を行っていた。皮肉なことに結局は一九五二（昭和二七）年八月二日、鳥取が全国初の防火建築帯の指定を受けることになったのである。

以上のような経過を踏まえて、大火後の約一年で、鳥取市中心部の基幹道路沿いには防火建築帯が出現した（図28・29）。従前の市街地の状況を知る市民にとって、鉄筋コンクリート造の店舗群が並ぶ光景は、驚くべきものだったかもしれない。しかし戦後から都市不燃化運動を通じ、耐火建築促進法の制定に至るまで、これらを牽引してきた運動家たちの目には、どのように写ったのであろうか。

『再開発史』は「市当局が商店街復興のアドバイザーとして招いた園田理一（大阪府工業協会理事）が強く要

望した共同建築は個々の商店の意見がまとまらず、実現せず、また建物の外観も統一が採れなかった。」と記す。確かに、この街なみ（図29）を見る限り、ファサードの統一性や共同化、また前面にあるアーケードの意匠などには、都市の防火施設として期待されたはずの姿やデザインを見いだすことはできない。

（社）都市不燃化同盟の事務局主査であり、建設省住宅局建築防災課長 村井進は「鳥取市での経験を踏まえて、防火建築帯の造成は「街造り」という側面も有していることに気づき、共同建築を推進すべきだという結論に至ったと述べている」（初田、二〇一一）。さらに、「こうして生まれていったのが、一九五〇年代に各地で現れた商店街共同建築である。当時はまだ区分所有法もなく（同法の制定は一九六二年）、共同建築は基本的に各自の土地所有境界そのままに、建物を連続させて区分所有するものが多かった。」（同右）とあるように、隣地境界線上に共有壁をつくり、連続した建築帯を造成する長屋のような商店街が「まちづくり」という概念と共に生まれてきた。その概念は、早くも具体的な姿となって実現することになる。沼津市の「アーケード商店街」が、それである。

防火建築帯造成の実例・その二（沼津市）

沼津本通り防火建築帯は、財団法人建設工学研究会の設計による。この研究会はモダニズム建築家の池辺陽が理事を務めており、沼津市の防火建築帯の設計担当は今泉善一であった。

今泉によると「沼津市の中心街は、東側の狩野川と西南の駿河湾にはさまれて、非常に狭い…沼津の大火は西風に乗ってきている…駅前の上土通りは沼津の中心街だけが、あまりに狩野川に近すぎるので、もう一つ西よりの本通に防火帯を指定することが賢明…」（今泉、一九五五）とあるように、当初の計画は、あくまで都市の防火施設を目的とした防火建築帯を造成することにあった。その後、『都市の戦後』に記されているように、この防火建築帯の成果と効果によって、まちづくりの意識が広まり、さらに上土通りにも共同化した商店街をつくることになった。

事業前の本通り商店街は「元々、本通りは沼津銀座として繁華街である。又戦災復興の都市計画では、既存の幅員一二・五米道路を二〇米幅員に拡張することになっていた。だが、商店街としては、道路幅が二〇米では広すぎることと、又ここに既存の鉄筋コンクリート造四階の建物があり、この後退の問題も困難であり」（今泉、一九五五）とあるように、この地区の都市計画道路幅員が広すぎて整備が進まないという問題があった。

『都市の戦後』は「こうしたなか、一九五二年四月には地元居住者から市当局に対し、火災予防地帯への編入を求め、不燃焼建築を全庁内連合で実現したいとの申し入れが行われている。…同年六月には共同住宅建設組合が設立されている。…市当局の奔走で反対者も同調に転じ、同年一一月二七日にはついに建設省による承認の段取りも得られることになる。…一九五三年五月一四日に建設省告示で防火建築帯の指定がなされている。」と記している（図30）。

図 30　防火建築帯位置図（沼津市）

この間の経緯・背景について今泉（一九五五）は「何分始めての事業であり、今日まで、全く一国一城の主と云った商店の方々なので、仲々六ケ敷《ママ》かった。だが、…補助金…融資及び有階アーケードが出来るということで、組合員全体の強い共同の推進により、ことなく完成に向って邁進出来たことは、まことに全国的にみて、めづらしく、又、見事なことであったと思っている。」と記述している。ここでいう「有階アーケード」とは、歩道上のアーケードの上に二階以上の建物（基本的に一階は店舗、二階以上は住居）が張り出すというもので、前述した都市計画道路幅員の問題の解決策として考えられた手法であった。これは個々の土地所有の権利関係に絡むため、今日でも全国的に数少ない事例であり、その点でも先駆的な試みであった。

この「有階アーケード」の発想とその経過について、当時の沼津市建築課長松下喜一の記述（一九五五）がある。「本通の店舗は終戰後の應急復興のため建築した木造建築であって、…土地區劃整理の実施に迫られ早急に移轉改築が考慮されていた。たまたま區域内に既存の耐火構造の四階建の百貨店があって都市計畫線にかかるが處理困難なため建物はそのまま存置し前面切取部分を切除せずそのまま歩道とし歩道部分をアーケードとして存置することに内定した。そこで地元商店街はこの既存百貨店と屋並みを揃えることを考慮してもらいたい旨陳情があった。…本來の防火帯を造成すべく有階アーケード式不燃街を計画した。」とある。これによると、まず、四階建て耐火構造百貨店の一階部分のみをセットバックして、都市計画道路幅員を確保することが、最初に「内定」していた。この「内定」の意味について松下は触れていないが、『運動史』には「建築基準法第四十四条により道路上に有階アーケードは建築禁止されているため、建設省都市局と約一ヶ年間交渉の結果、次の条件の下に異例措置として巾員の変更が認められた。一事業の早期完成　二共同建築の実施　三美観地区の指定　四建築協定　五公共用用《ママ》通路の指定」とあるように、沼津市と建設省都市局との協議の末の「内定」であったことがうかがわれる。

結局、既存道路の幅員一二・五ｍを車道とし、両側三・七五ｍの歩道部分に対しては、その上部に建築物が張り出すアーケードが出来上がった。その権利関係について『都市の戦後』は「この部分は市が土地を所有し、上空の建築部分を個人に無料で貸す形になっている」と記している。従前の個人財産の土地権利が、どのように市に移管されたか不明であり、また都市計画道路は変更されたようだが、道路法上の扱いなど、当時どのように考えられたか、詳細は不明な部分がある。いずれにしても、美観地区における全国初の条例化、建築協定や公共歩廊の条例化など、市当局の並々ならぬ事業推進への熱意が感じられる。ここで制定された沼津市の条例は、松下（一九五五）によれば次の通りである。

〈建築協定〉

（イ）各階の高さ一階四米、二階三・一五米、三階三・一五米
（ロ）前面の柱の間隔は五米～八米
（ハ）路面の仕上材と色は色モルタル仕上
（ニ）柱の仕上材と色は色モルタル仕上
（ホ）天井の仕上材と色は色モルタル仕上
（ヘ）照明の種類と配置は二〇W～四〇W　間接照明　道路から〇・五米後退した位置
（ト）各商店前面の電気広告板の多きさと位置・・・

〈美観地区条例〉

（イ）共同建築をするため間口を一・五米とした。
（ロ）階数を三階以上とした。
（ハ）アーケードを確保するため道路境界線から一階の壁面は三・七五米、その他の壁面は〇・一米後退した。
（ニ）歩廊用通路上の天井の有効高さは三・五米に定めること・・・

〈公共歩廊用通路条例〉

（当該部分における建築物や工作物の設置の禁止について）

防火建築帯の実現には、行政だけでなく、地元の商店街や土地家屋の権利者においても、お互いの協力や熱意、最終的な合意形成に至るまでの苦労など、多くの困難があったと考えられる。これについては「地元市民の協力を得なければならないが、建築主が五五名ありこれを結束させ共同建築を執行せしめるには一方ならぬ努力を必要とした。自己資金の獲得、借入金の返済並に共同建築を執行するために、民法六六七条による沼津市本通共同住宅建設組合を組織せしめた。」（同右）とある。これは、その後の再開発法による組合施行の先駆的な事例であり、このような視点からの研究の進展が期待される。定められた資金計画は「住宅金融公庫融資対象面積四八〇坪、国庫補助対象面積一七九九坪、事業費総額二〇四三三万円、住宅金融公庫融資額一五七八万円、補助金二二一二万円、自己負担金一六六四三万円」（同右）であった。

再開発法や区分所有法が整備された現代においても、建築の共同化は従前従後の権利調整に問題が続出する。単体の建築行為は、資本が個人であれ法人であれ、一本化した決断によって具現化されるが、共同資本の場合は、その合意形成に至るまでに困難を極める。沼津市の例は、その事業の困難さを考えると奇跡的な例に思えるが、その事業を推進する設計者（あるいはコンサルタント）として関わっていた池辺陽と今泉善一は、どのような考えにあったのであろうか。

一九五二年一二月、日本建築学会は「防火建築帯に建つ店舗付共同住宅」の競技設計を行った。審査員には池辺陽が加わり、『店舗のある共同住宅図集』収録の審査評を執筆している。この中で「都市計画に関する知識の不足は今回の競技設計では致命的なものであった。この原因は現実の建築家の仕事が建築主の狭い条件に縛られている場合が多く、このような仕事が繰り返されている間に、いつか近代建築の理念ともいうべき建築と社会との結びつきが忘れられている。…防火帯建築は一軒一軒の縛りよりも、街全体としての健康的な美しさが望ましく、一つの建築の立面を考える時とは異なった観点からも考えなければならずこの点の考えがもっと徹底していくべきであろう。」と述べている。

また『都市の戦後』にも「池辺は商店街が共同化する近年の傾向を述べ、沼津市や大館市での自らの設計を示しながら、…共同建築による街としての統一した美しさや商店部分と居住部分の分離、敷地割の不合理といった問題が再び述べられている。」と記されたように、池辺は恐らく、ヨーロッパの都市にみられる統一的な街区が形成されるべきであり、これが近代建築のあり方であると考えていたのであろう。

しかし、現在の再開発に際しても、日本の各都市の土地権利者の意見の多くは、街並みに対する理解よりも個人の権利の主張が強く、これはほとんどの日本の各都市の景観形成の現状が物語っている。さらに初田は同じく『都市の戦後』で「(池辺は)欧米のような街区型の都市形態を想定していたことがうかがえる。…ここでは当時のモダニズム建築家の日本の商店街に対する視線の一端がうかがえよう。実際、沼津や大館での仕事以後、池辺は商店街での実際の設計から離れていくのである。」と述べている。そして、その後の全国の防火建築帯の造成において、沼津市の設計担当者であった今泉善一が、その多くを担うことになるのである。

池辺と親しかった今泉も、前川國男事務所での勤務経験をもつモダニズムの建築家であり、同様の考えをもっていたと思われるが、沼津の当該事業に対し「当然各店舗の間口が同じものがないという点で、設計を共同建築で統一をとる事については仲々難しい問題にぶつかったのであるが、この街を歩いて建築として目立つのは二階であって一階の方は商品の列べ方で色々変化を作り目立たせたい」(今泉、一九五五)と述べるように、沼

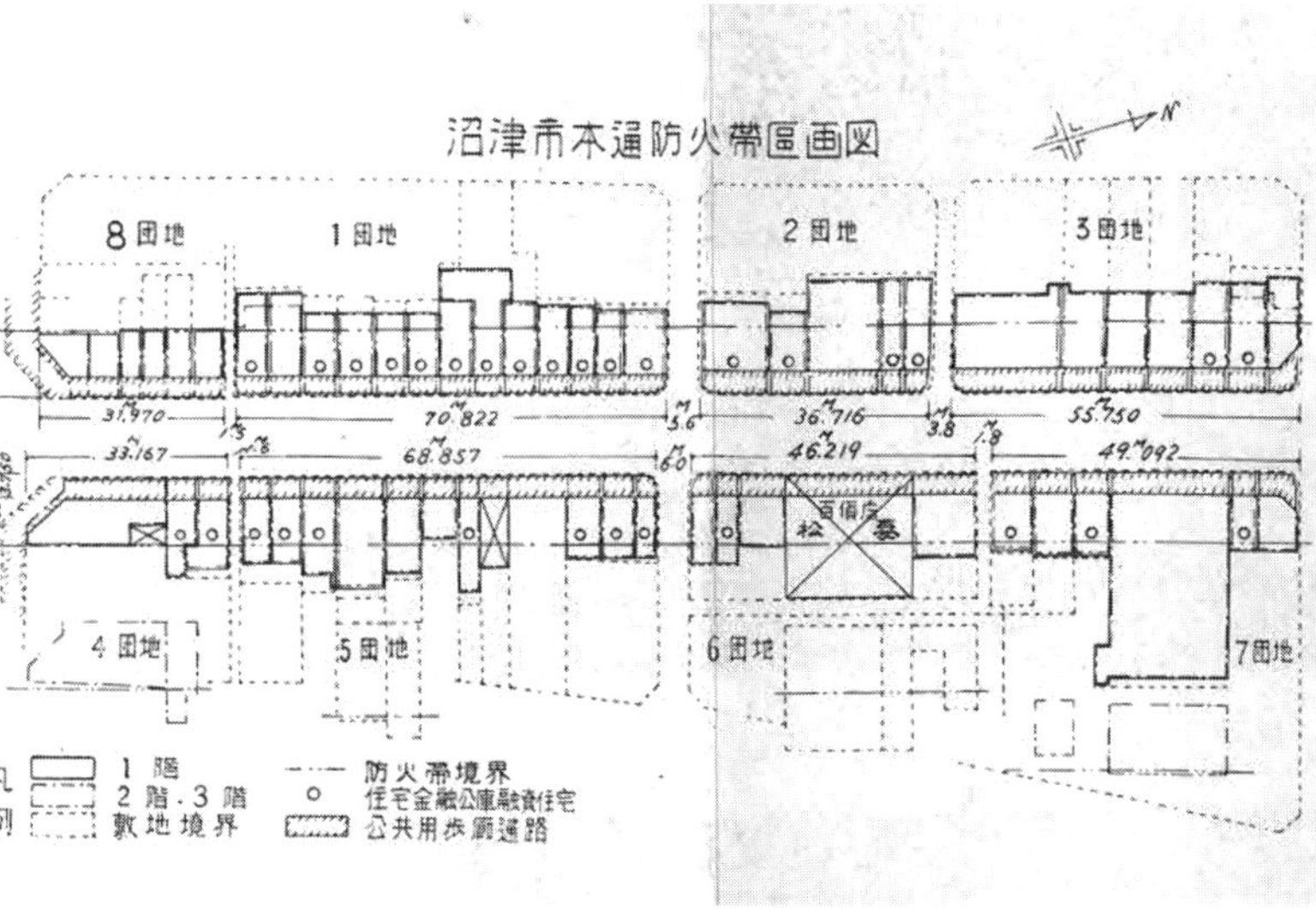


図 31　沼津市本通防火帯區画図：公共用歩廊通路 配置図（1953（昭和 28）年）

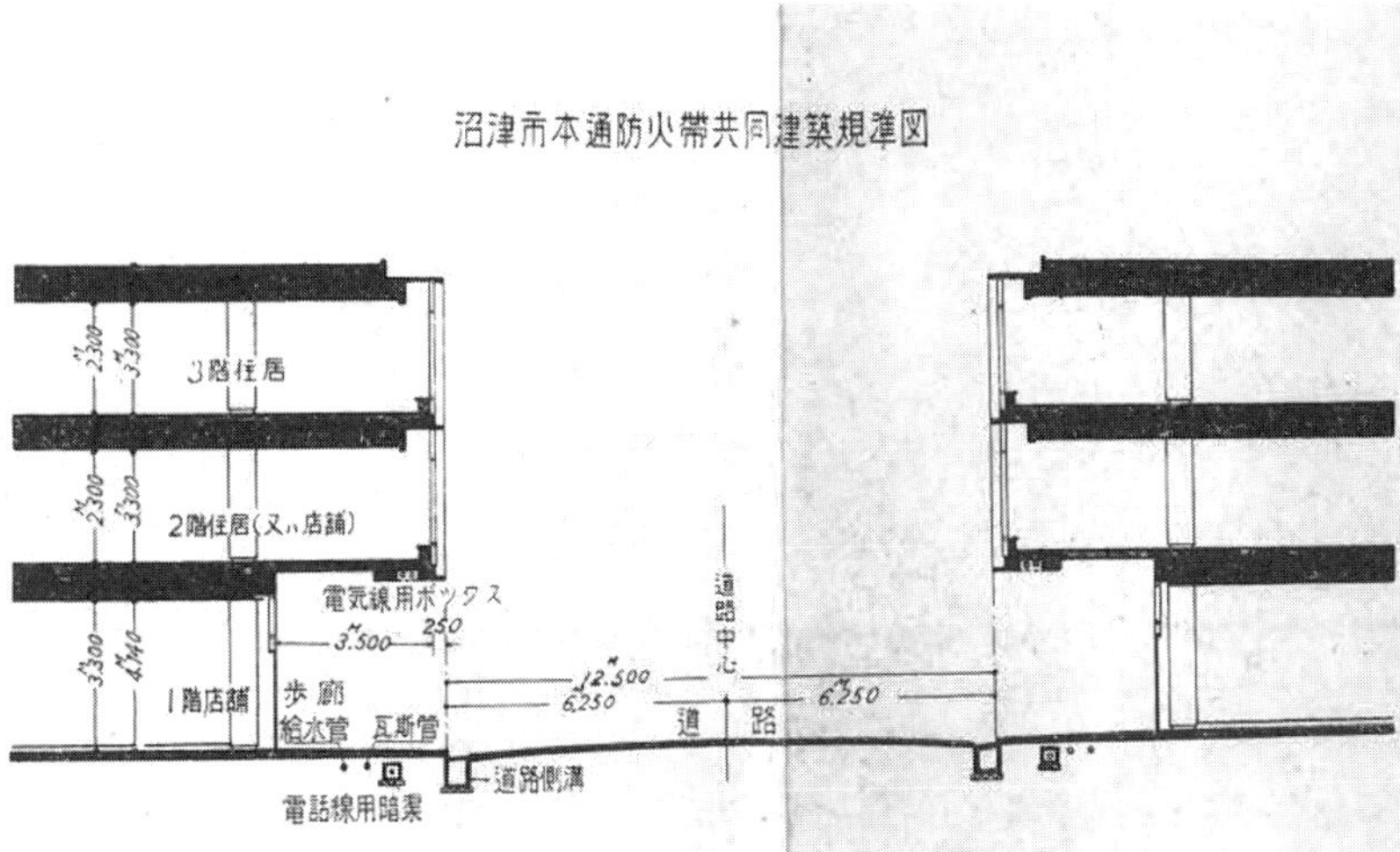


図 32　沼津市本通防火帯共同建築規準図：道路及び公共用歩廊通路 断面図（1953 年）

図33　沼津市アーケード商店街 建設当時：道路側からの立面

津市以降の防火建築帯の多くを建設した今泉は、池辺に比して、現実的な実現性を求めていたのかもしれない。

また今泉は、この事業を推進するにあたり、いかにも現場の担当者らしい問題点を挙げている。それは「この事業を行う為めには、工事期間中に各戸の店の営業を如何にするかが非常に問題である。…工事期間約五ヶ月、この間営業が成り立たねばならない。…工事期間中、道路の直中に仮設店舗の築造営業の許可、又警察署、消防署の理解ある措置に依り事故なく仮営業が出来、その売上も店に依って違うが、悪い処でも三割程度の低下で済んだ」(今泉、一九五五)というものである。概して防火建築帯が計画される場所は都市の中心市街地であり、そこで共同化を進める場合、同時にすべての店の仮設店舗を確保しなければ、営業を続けることが出来なくなる。今泉は「今後とも、ここまで、当局者が、便宜を計って頂けないと、このような、大規模な共同建築は、既存繁華街に於ては行ふことは不可能に近いのではないかと思っている。」(同右)と述べている。今泉のこのような経験と体験は、横須賀市を始め、多くの防火建築帯造成

図34　沼津市アーケード商店街 建設当時：アーケード下の空間

に係る先駆例となっていく。

沼津市のアーケード商店街には二階建と三階建が混在していた。竣工直後の写真（図33・34）や『店舗のある共同住宅図集』及び『都市不燃化運動史』に収録されている図面は二階建であるが、断面図（図32）は三階建である。耐火建築促進法の補助要件では三階建以上、ただし二階建でも三階への増築予定を含むことになっている。商店街開店時の写真（図35）には、左側に一部三階の建物が見られる。なお、現在の建物群にも二階建と三階建が混在している（図36）。

図31の沼津市本通防火帯區画図（配置図）を見ると、建物の一階部分が従前の敷地割に合わせて計画されていることがわかる。本通りに面する間口は敷地の大きさに合わせてバラバラであり、建物の奥行きも、敷地の大小に合わせて、それぞれ異なる。区分所有法ができるのは一九六二（昭和三七）年であり、ここには建物全体を区分所有するといった考えが存在しない。ただ隣家に面する外壁を共有壁とする、いわゆる長屋形式の建物で、その本質は江戸時代の長屋と変わらない。

図 35　沼津市アーケード商店街 開店時（1955 年頃）画面左に三階建の建物が見える

また、建築敷地は一団地～八団地に分かれており、この団地単位で、建築基準法上の一敷地として扱っているのか、あるいは現在の一団地認定として扱っているのか不明である。また団地間の道路も、幅一・六mや一・八mのものがある。このように今日的な都市計画の視点で見ると、同商店街の平面計画は、本通りに面した「線状の都市計画」であって、「面や立体としての都市空間のあり方」にまでは検討が及んでいないことがわかる。さらに本通りの背後地には、それぞれの土地所有の形態が異なる敷地が存在し、都市計画の及ばない木造建築が多かったことが推測される。

次に各戸の平面計画を見てみると、そのほとんどは、一階が店舗で二階が住宅である。二階の住宅には外部と直接つながった玄関がなく、全て一階の店舗の中の階段から二階の住宅へとアプローチする。つまり、一階店舗は二階住宅の居住者が営業していたものであり、職住一体の生活形態が、そのままこの建築計画に表れている。この時代の都市に暮らす店舗経営者たちは、その店舗の中を経由して家庭に入り、家から出る時は、店を経由して外出していたのである。なお、店舗に働く従業員の生活空間は、あまり見当たらない。もしかしたら、三階増築の際に考慮されたのか、あるいは家の中で区画されず、家族の一員のような生活を送っていたかもしれない。また、このような平面計画では、両側の外壁面が隣家と共有しているため、開口部をとる事ができない。現在のような空調機や照明器具がなかった時代に、この平面計画による居住環境は決して良くなかったであろうが、ワンルームにしたり、住戸内の建具を可動間仕切りや襖にするなどの工夫がみられる。

また、沼津市アーケード商店街の外観で特徴的な点は、二階コーナー部のアール状の部分である。商店街の中央にある交差点や北側の商店街入口などに設けられた曲面は、円柱で支えられた帯状のファサードがつくる都市景観に、柔らかみを与えている(図33)。規則的なガラス窓が水平に連続する上階壁面と併せて、共同化された有階アーケードは、「横のデパート」としての外観イメージが優先された。

設計を担当した今泉によると、「外観は或程度全面をスチールサッシュにし、ガラスとアスベストウッドにて統一した。色彩も外部のモルタル色吹付仕上、青味あるモルタル塗の部分は、スチールサッシュはナイトブルー、二階腰

図 36　沼津市アーケード商店街の現況（2018.11 撮影）

ガラスは黒色ペンキを裏より吹付け、又一階アーケード前丸杭は黒色とし、余り目立たない事を考へたのである。」（今泉、一九五五）とされる。こうした外観意匠は、建設当時の写真を見る限り、一九五〇年代の日本建築界を牽引していたモダニズム建築のデザインそのものである。すなわち、外部の柱型や梁型から外壁を分離し、スチールサッシを水平に連続させ、薄いスラブ線を水平に強調させている。有階アーケードのモダンな外観は、初田も『都市の戦後』の中で「設計面ではむしろイニシアチブをとっていたのではないかと思われる池辺陽…」と述べているように、こうした意匠にはモダニズム建築家であった池辺陽の設計思想が強く反映されていると考えられる。

防火建築帯事業が完了した頃（図35）と現状（図36）とを比較すると、その盛況さの違いがうかがわれる。人通りが少なく感じられる原因は、道路の広さである。時代の風潮はモータリゼーションの到来を予想した都市計画の旗の下に、全国の都市計画道路の整備が進められた。沼津にあっても例外ではなく、この都市計画道路整備をめぐり、防火建築帯事業との組み合わせで、このアーケード商店街が整備された。しかし現在の道路空間は、歩行者を対象にした商業空間としては車道が広すぎるように見える。例えば、この都市計画道路幅員二〇mが、都市計画道路線が引かれる前の一二．五mのままであったとしたら、個人個人所有の土地面積を減らすことなく、少し余裕のある平面計画も可能であったかもしれない。アーケードは道路上の占用物とすることが必要となるが、道路空間をヒューマンスケール、人間的な尺度で整備することができたであろう。都市計画道路整備の目的の一つとして通過交通の処理があるが、少なくとも沼津市の場合、隣接の上土通りが、その目的を十分に果たせると思われる。

さらにモダンな意匠で統一・共同化された外観は、スチールサッシの劣化が目に付く。後にアルミ材などで改修されたものと思われるが、海側からの風が通る場所では細いスチール材の保持は難しい。この時代のモダニズム建築の多くに同様の現象が起こっており、例えば丹下健三設計の広島平和記念資料館や旧東京都庁の外観でも、外部に取り付けられたスチール部材は後に改修されている。今日では建物の老朽化は深刻であり、既存部のリノベーションによる活用も限界があると判断され、沼津市アーケード商店街（現沼津アーケード名店街）では商店街の活性化を目的として、全面的な再開発の計画が進められている。

## 防火建築帯造成の実例・その三（横浜市）

「横濱市の建築局長の内藤さんにばったり會った。…「君達、若いものは、今迄の観念だけで防火帯をやってはいかん。防火帯、線ではいけない。「線」と「面」大都市は「面」として考え、中小都市は「線」で考える。…此の「内藤さん」横浜市の防火帯を「細街路」に迄入れて、折りなす線で面を造ってしまわれた」と石川（一九五九）が記すように、横浜市では建設省から内藤亮一を建築局長に迎え、その指揮のもと、一九五二（昭和二七）年に防火帯建築の「線」を中心市街地に「面」として指定し、戦後接収解除の遅れていた横浜市の中心市街地に、「まちづくり」のアイテムとして、防火建築帯の造成事業を行った。

横浜市は、一九四五（昭和二〇）年五月二九日の横浜大空襲により、中心市街地の大部分が壊滅的な打撃を受けた。『港町・横浜の都市形成史』は「横浜の市街地は、…その四二％の面積、建築物一万一九〇〇棟余りが焼失…最も被害の大きかったのは、都市部の商業、住居地域、及び内陸部の中小工業地域であった。」「接収の最盛期であった昭和二七年の調査を見ると…全国の接収面積の約六二％を占め、…さらに、中心市街地では、業務・商業地区を中心として、中区の七四％が接収」と記している。横浜中心市街地の商業地域の大部分は戦災で廃墟と化した後、米軍に接収されていた（図37）。その後、横浜市では一九四七（昭和二二）年頃から、サンフランシスコ平和条約及び日米安全保障条約を経て、昭和三〇年頃にかけて徐々に接収解除が行われた。『横

図37　1952（昭和27）年頃の横浜中心市街地

浜市建築助成公社20年誌』（以下、20年誌）に「昭和二五～二六年頃から、関内、関外地区の接収解除地の復興について、種々検討された…本市の首脳部には、都市不燃化という悲願を達成すべき絶好の機会でもある…不燃化を基本とする復興方針を決定した。」「国において、耐火建築促進法制定の構想が取沙汰されていたので、本市では、防火建築帯造成の考え方を全面的に採り入れ、防火建築帯を極力密に指定し、防火建築帯造成を図りつつ、復興を進める方針が決定された」と記されるように、横浜市は全国に比して戦災復興と接収解除が遅れていた。その中心市街地は「関内牧場」と揶揄されるような状況であったが、防火建築帯造成事業を復興の柱に据え、戦後のまちづくりがスタートした。

そして、その基本方針は当時の建築局長 内藤亮一がいうように「線ではいけない。「線」と「面」大都市は「面」として考え、中小都市は「線」で考える。」（石川、一九五九）であった。この「面」という構想については「その構想は、建設省のアドバイスによりハンブルグ市の復興計画を参考にして」（20年誌）とあるように、ドイツの戦後復興の都市計画を模範としていた。

『日本の都市再開発史』は「昭和二六年八月に県、市、商工会議所は横浜市復興建設会議を設立し、渡辺銕蔵（元東大法学部教授、都市計画・都市不燃化の提唱者）を事務総長とし、…復興方針を策定した。」「昭和二七年七月、建設省、大蔵省、地方財政委員会の三者合同会議により、横浜市の作成した原案に基づき接収解除の方針―①防火建築帯を広範囲に指定　②横浜市は（財）横浜市助成公社を設立　③大蔵預金を公社を通して貸付け―を決定した。昭和二七年一〇月、（財）横浜市建築助成公社が設立され、同月、建設省告示により防火建築帯が指定された。」と記している。

耐火建築促進法は、一九五〇（昭和二五）年四月の国会で「都市不燃化の促進に関する決議」が提案され、可決されたことから国会内で議論が開始され、一九五二（昭和二七）年五月三一日に公布・施行されている。この時間的な流れからは、横浜市が、いかに早くから、耐火建築促進法の制定に備えていたかがわかる。

また、接収解除後の方針については「ア．防火建築帯を広範囲に指定し、耐火建築物を建設するものに、助成金一二五〇〇円／坪を交付する。イ．昭和二七年より向こう三ヵ年間に合計八億円を大蔵省より横浜市に貸付ける。横浜市は（財）横浜市建築助成公社を設立し、市より資金の転貸を受け、接収解除地の防火建築帯に耐火建築を建築するものに対し、一五〇〇〇円～一六〇〇〇円／坪を貸付ける」（20年誌）とある。耐火建築促進法に基づく助成金の考え方については、耐火建築物としての利益の受益者の応分により、助成金額の負担割合を定められた。助成対象金額は、耐火建築と木造建築物の差額とし、対象金額のうち、国は一／三、県と市がそれぞれ、一／六ずつ、合わせて一／三、そして、建築主が一／三の割合であり、これは、その耐火建築物としての利益を受ける割合に応じたと解説していた。しかし、横浜市においては、さらに建築主の負担分に対し、大蔵省からの借入金を横浜市建築助成公社を通じて融資するという、建築主に対する手厚いシステムを考

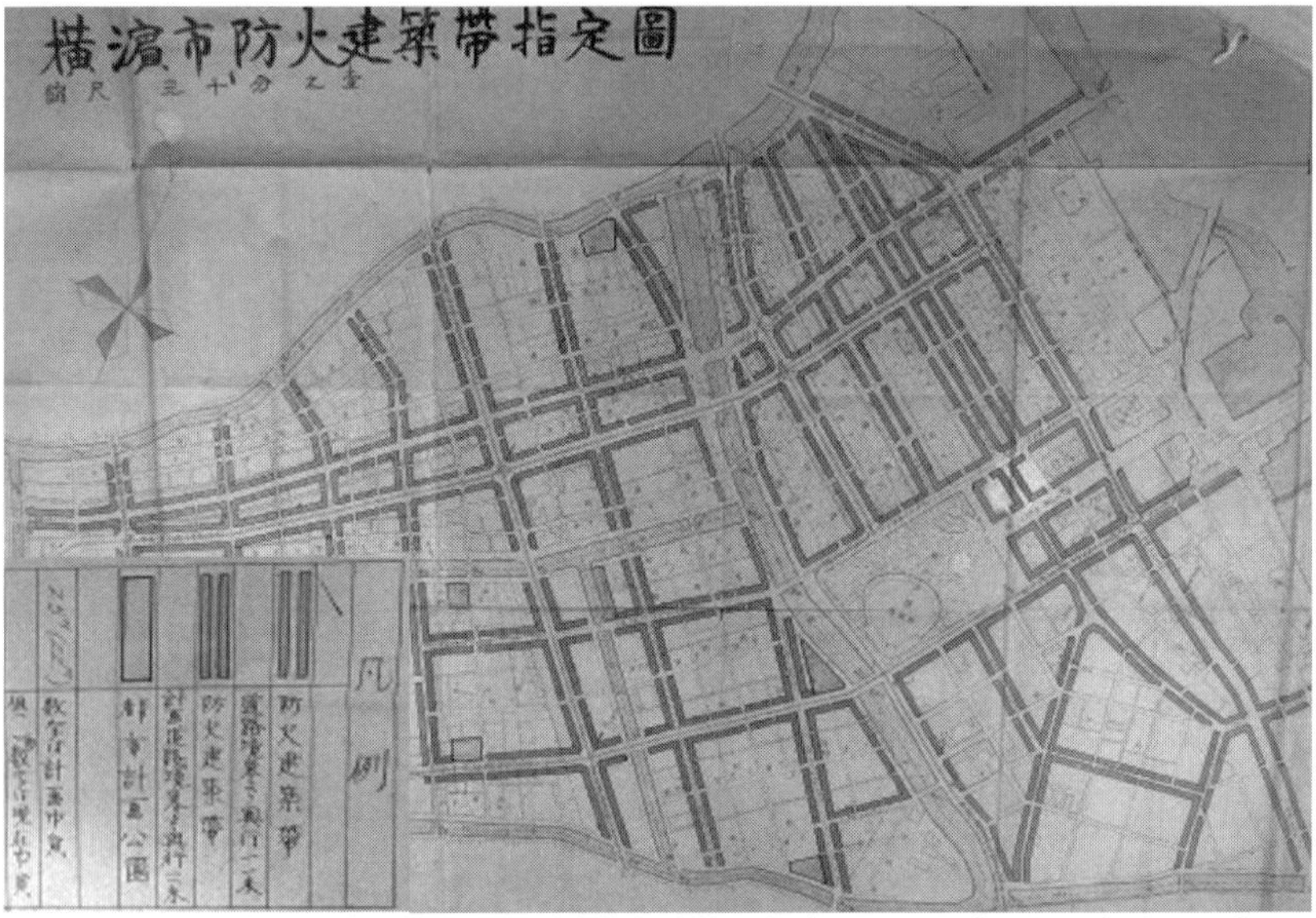


図38　横浜市防火建築帯指定図（建築部建築課作成、1953（昭和28）年3月）

えだしていた。そして「昭和二七年八月七日の市会建築常任委員会に横浜市建築助成公社設立案と耐火建築助成規則（案）が提案され、…九月一二日の市会本会議において議決された。」（20年誌）とあるように、耐火建築促進法の成立を待ちわびていたかのように、このシステムを稼働させ、動き始めた。

これは、横浜市の市街地の状況が、戦災と接収によって他都市に比してもさらに深刻であり、耐火建築促進法の助成金だけでは、とても街の復興が得られるような状況でなかったことを示している。つまり、接収が解除されても何もない場所に、誰が住居を、商店を構えるのであろう、という状況が当時の横浜であった。

このような市の動きについて、耐火建築促進法制定の立役者であった村井（一九五三）も「横浜の場合は、防火建築帯指定の構想に特色があると云へよう…ハンブルグには到底及ばないものになるにしても、我国の他の都市と比較すると、相当特色のある都市の実現が期待される。」と、期待を込めた記述を残している。

このように、横浜市における耐火建築促進法に基づく防火建築帯造成事業は、他都市に比べて総延長が長く、さらに防火帯を「線」でなく「面」として捉えていた（図38）。また、接収地からの復興とまちづくりには、横浜市独自の融資のシステムを整える必要があった。

また、「防火建築帯指定は、法律により、防火区域に重ねて指定されることになっていたが、既定の防火地域（集団、路線）は、極く小範囲に限定し指定されていたため、防火地域（路線）の大巾な追加指定をあわせた指定案が検討された結果…二回に分け指定案が決定された。」（20年誌）とあるように、第一次及び第二次の指定が行われたが、市街地にはいまだに接収地が残り、接収地と防火地域とが混在していた。

しかし、横浜市に指定された「面」としての防火建築帯は、耐火建築促進法の成立の過程を踏まえると、果たして「防火建築帯」といえるのであろうか。たとえば、前述した鳥取市や沼津市では、明らかに都市火災の延焼拡大を防ぐための公益目的を持つ建築として、防火壁を耐火建築物の帯《おび》で造ろうとしたものであった。ところが横浜市の指定の範囲、位置及び数（総延長）を地図で見る限り、都市の延焼の拡大を防ぐというよりも、火災を一つの街区、街のブロックで収めてしまおうとする意図が感じられる（図38）。こうした「面」としての整備は、都市防災の枠を超えて都市整備、つまり、まちづくりの基本計画及び誘導計画として成り立つものであろう。当時の横浜市建築局長内藤亮一の頭の中では、既に都市整備基本計画が描かれていたと考えられる。

『再開発史』によると「昭和二七年一〇月、（財）横浜市建築助成公社が設立され、同月、建設省告示により、防火建築帯が指定された。」ところが「しかし、当初、公社の業務は不振であった。その理由は、関内牧場と呼ばれた接収解除地に市民や商店がいきなり大規模な耐火建築を建てることは資力の点でも、経営上も実現不可能であった」とあるように、横浜市としても、ある程度は予想していたかもしれないが、横浜市独自の融資制度である、横浜市建築助成公社のシステムだけでは、まちづくりを進めることが出来なかった。多くの戦災復興都市の場合、既にバラックや木造建築などが、ある程度、都市の復興の呼び水的な役割を果たしていた。し

表6　横浜市　防火建築帯指定一覧表

| 区　別 | 地区名 | 指定年月日 | 指定間口　延長 (m) |
|---|---|---|---|
| 中　区 | 関内　関外地区 | 27.10.18 | 30,691 |
| | | 28.03.28 | 221 |
| | | 33.08.15 | 632 |
| | 野毛地区 | 31.03.08 | 1,782 |
| | | 31.05.14 | 255 |
| 鶴見区 | 鶴見駅前地区 | 28.03.28 | 495 |
| | 鶴見本町通地区 | 31.03.08 | 112 |
| | 鶴見佃野地区 | 31.03.08 | 1,305 |
| 西　区 | 横浜駅前地区 | 28.03.28 | 1,004 |
| | | 30.03.14 | |
| 神奈川区 | 東神奈川地区 | 33.08.15 | 2,598 |
| 南　区 | 宮元 宿 花之木地区 | 33.03.10 | 2,754 |
| | 吉野町地区 | 33.08.15 | 2,368 |
| 合　計 | | 50,913 | |

かし横浜の場合は中心市街地の大部分が接収されており、これが解除された後も、そこには街の構成要素は何もなかったのである。

そこで横浜市は、さらなる一手を考え出さざるを得なかった。それは「市建築局長内藤亮一は（財）神奈川県住宅公社（現在の県住宅供給公社の前身）との共同建築を構想し、協力を求めた。そこで、県住宅公社は理事畔柳安雄が中心となり、民間所有建物の屋上を敷地とみなして賃借することにより店舗併存住宅（下駄ばきアパート）を建設する方式を日本で初めて考案した」「県住宅公社は借地権設定により公社の資金で自ら設計施工し、併存住宅を建て、その三・四階部分を公社賃貸住宅とする。地権者は建物の一・二階を所有し、市助成公社、金融公社の資金を借り入れる。」（再開発史）というものであった。「つまり、地権者は、何もしなくても耐火建築のビルディングが建つことになる」（同右）ほどの優遇すぎるくらいの方式が導き出された。

この方式は、その後のまちづくりにおける先駆的なシステムとなった。つまり、建物の所有権が上下で異なる、区分所有の考え方の先駆けでもあった。沼津市の防火建築帯は、共同化を目指した「横のデパート」として画期的な建築であったが、商店の上階には、商店主の住居があるのが常識であった。敷地の所有形態が、そのまま建築の形となるのが、当時一般の建築主が想定する姿だったのである。ところが、後に設立され

図 39　弁天通り三丁目ビル（1954（昭和 29 年）竣工）（2018.12 撮影）

る日本住宅公団も、横浜の例を参考として「下駄ばきアパート」の建設を実施することになる。「この点で日本の再開発史の中で特筆すべき事項」（同右）であった。

横浜の下駄ばきアパートの第一号である弁天通り三丁目ビル（図39、一九五四（昭和二九）年八月竣工）は、「昭和二八年一〇月、原良三郎（元商工会議所会頭）の土地を利用して建てられた。これを皮切りに昭和二八～三〇年に建てられた県住宅供給公社の併存住宅は、二四棟に達し」（同右）とあるように、こうして横浜市のまちづくり、防火建築帯の建設が進められていった。

横浜の防火建築帯事業の特色は、建築協定による壁面線の指定を同時並行で行ったことである（表6）。越澤（二〇〇五）は「横浜の防災《ママ》建築帯は、建築物の水準は今日の目で見ると、決して高いものとはいえない。老朽化のため建て替えが必要となったり、すでに建て替え・再開発が実施された例もある。しかし、防災建築帯は共同不燃化、区分所有の先駆

図40　伊勢佐木町の防火建築帯：店舗付きアパート（1955（昭和30）年竣工）

けであり、街並みの協定ルールづくりなど、先進的なまちづくりとしての要素もあったことは歴史的に評価されるべきである。」と述べている。

横浜市の場合、次世代の都市計画プランナー、田村明が率いるアーバンデザインチームによる七〇年代以降の馬車道や伊勢佐木町、元町商店街などのモデル地区の再生が著名なため、一時代前のいわゆる「防火帯建築」によるまちづくりは、あまり評価されていない感がある。また、横浜の防火建築帯は、その後のモータリゼーションにおいて車道拡幅の障害となった、などと批判されることもある。壁面線の指定や耐火建築の実現が、その後の横浜のまちづくりに与えた影響には、光と影がある。しかし、その実績は、横浜の都市計画の歴史の中で、確かな道しるべとなっている。なお、元町商店街における、建築協定による壁面線の後退は有名だが、これが防火建築帯に由来するものなのか否か、明らかではない。

図40は伊勢佐木町近くの防火建築帯の中の一棟、店舗付きアパートであるが、現存しない。『新建築』一九五五（昭和三〇）年一一月号の記事には「この計画は、一階の自己資金を主にした共同店舗の上に、共同住宅を建てるという…異つた

ケースのもの…もちろん土地そのものは、一階の店舗を建てようとする五人の人びとの所有地であったし、それぞれの所有地の間口と比例した店舗を持ちたいという希望や…その決定には長い苦しい時間を費やさねばならなかった。」とある。東側の店舗の二階は事務所となっており、平面構成上の苦労がよくわかる。なお、この二階部分の住宅は全て、一階店舗所有者の住居であり、三、四階部分が神奈川県住宅供給公社の賃貸住宅となっている。このように横浜の方式は、その後の区分所有方式の考え方に近いものといえる。

図41　吉田町第一名店ビル（1957（昭和32）年竣工）

「有力土地所有者は、先んじてこの地区での開発に着手した。横浜を代表した生糸貿易商の原家では、弁天通に一階は店舗で、それ以上は住宅という原ビルを建設した。一五区画一五店舗が二十九年八月に竣工したが、最初はただ一軒の日本そば屋が出店しただけであったという。」と『横浜中区史』が記すように、横浜のまちづくりにとって、この建物の建設は記念碑的な事業であったが、竣工当時はさほど気勢が上がらなかったようである。

図41は、吉田町本通りに残る防火建築帯の一棟、吉田町第一名店ビル（一九五七（昭和三二）年三月竣工）である。市の助成を受けて二〇一二年にリノベーションされたビルには、若いアーティストやクリエイターたちが集まり、一階の店舗にも個性的な飲食店が入居して賑わっている。前述した弁天通り三丁目ビルも、昭和の雰囲気が感じられる住宅部分は、彼らクリエイター達にとって大きな魅力があるらしい。建物の維持管理も、よく行き届いているようだ。

図42は中区福富町の防火建築帯整備直後の様子、図43は同商店街の現況である。伊勢佐木町と野毛町という二大繁華街を繋ぐこの通りは人通りも多く、昼夜を通して賑わう。福富町では「地元地権者によってモデル商店街の建設が計画された。市建築局の指導の下に、横浜市内で初の建築協定（一九五七（昭和三二）年四月）が締結され、建築基準法による壁面線が指定された。」「建物の一階を道路境界線から各一メートルセットバックさせ、これを含めて歩道を各三・二五メートル確保し、建物と一体となったアーケードを設置した」（再開発史）とある。建物一階壁面の後退が強いられたのは、現況の道路幅員一一mでは歩道が設置できなかったためである。このように福富町では、さらに進んだまちづくりの手法が採用され、独特の都市景観が生まれた。

図42　福富町のモデル商店街（1957（昭和32）年）

図43　福富町商店街の現況（2018.12 撮影）

横浜市は各地域で住民自治的なまちづくり協定が行われ、地区計画や建築協定地区が商業地域系だけでなく、住居地域系などでも指定された地区がある。この福富町のアーケード空間は、ほぼ同時期に独自の建築協定に従って壁面線の後退によるアーケードがつくられた元町商店街にも匹敵する、まちづくりの先駆的な存在であるといえる。建物頂部の化粧庇や歩道上に差し掛けられたアーケードは、次章で詳述する横須賀下町地区の三笠ビルにも通じる表情を備えている。

第五章

# 下町地区の防火建築帯・・・三笠ビル

## 三笠ビル建設の経緯

### 三笠ビルの概要

昭和前期の横須賀市は、軍都としての色彩をさらに強めた。財政難も続いたが、世界的な不況よりも軍縮による影響が大きく、軍拡競争による軍需産業で市内経済が潤うといった状況だった。軍都としての発展はさらに加速し、戦時下において近隣町村を合併し、横須賀は大軍港都市へと成長した。一九三〇（昭和五）年には湘南電気鉄道が開通し、下町地区に横須賀中央駅が誕生した。この「中央」という命名からは、町はずれの繁華街として発展してきた下町地区が、当時より横須賀市の中心市街地として認識されていたことがわかる。

太平洋戦争直後、横浜、川崎、東京中心部などの首都圏市街地は戦災によって壊滅していたが、横須賀は奇跡的に空襲から免れ、街の都市基盤と都市機能は、ほぼ無傷だった（図44）。このため関東圏内で唯一、普通の生活ができる町として終戦直後から人口の回復が続き、横須賀のヤミ市は米軍相手のスーベニアショップと日用品マーケットへと替わり、他都市に先がけて市街地の活気を取り戻した。

幕末期以来、海軍とともに発展してきた横須賀は結局、基地の街としてよみがえった。一九五〇（昭和二五）年の歳末の下町地区は大賑わいの状況で、「さいか屋百貨店」のビルが建って新しい街の顔が誕生し、昭和三〇年代の市街地整備に向けた準備が整った。

そして一九五九（昭和三四）年一一月、横須賀市で初めて耐火建築促進法が適用された、防火建築帯の「三笠ビル」（図45）が竣工する。

耐火建築促進法の補助採択を受け、横須賀市下町地区に建設された三笠ビルの建物概要は、完成した建物

図 44　昭和 20 年代後半の横須賀市中心市街地

図 45　三笠ビル：開業時（1959（昭和 34）年）

を紹介する業界紙の記事「新しい商店街」（和田、一九五九）によれば、次の通りである。

・場　所　横須賀市大滝町
・構　造　鉄筋コンクリート造
・規　模　四階建（一部地下一階、地上五階を含む）
　　　延二，四〇〇坪
・建物延長　一八〇m
・外　装　擬石現場叩き仕上げ
　（一部トラバーチン及びプレキャストコンクリートルーバー付）
・総工事費　約二億五千万円
・施工期間　一九五九（昭和三四）年四月〜同年一一月

三笠ビルの設計は、一九五七年に設立された今泉善一を代表とする日本不燃建築研究所による。今泉善一は建設工学研究会に属し、理事を務めるモダニズムの建築家・池辺陽と共に沼津市の防火建築帯の設計を担当した。建設工学研究会及び日本不燃建築研究所はまた、沼津市だけでなく宇都宮市、魚津市、亀戸駅前、蒲田駅東口など全国の防火建築帯を設計している。

昭和三〇年代始めの横須賀市の中心市街地では、震災後の道路区画による街区内に多くの木造建築が建ち並んでいた。三笠銀座商店街（図46、三笠ビル建設前の名称）は横須賀中央駅前のロータリーと旭町ロータリーを結ぶ、「横須賀銀座東郷通り」と呼ばれていた横須賀の目抜き通りの中心部に位置していた（図47）。

図 46 三笠ビル建設以前の三笠銀座商店街

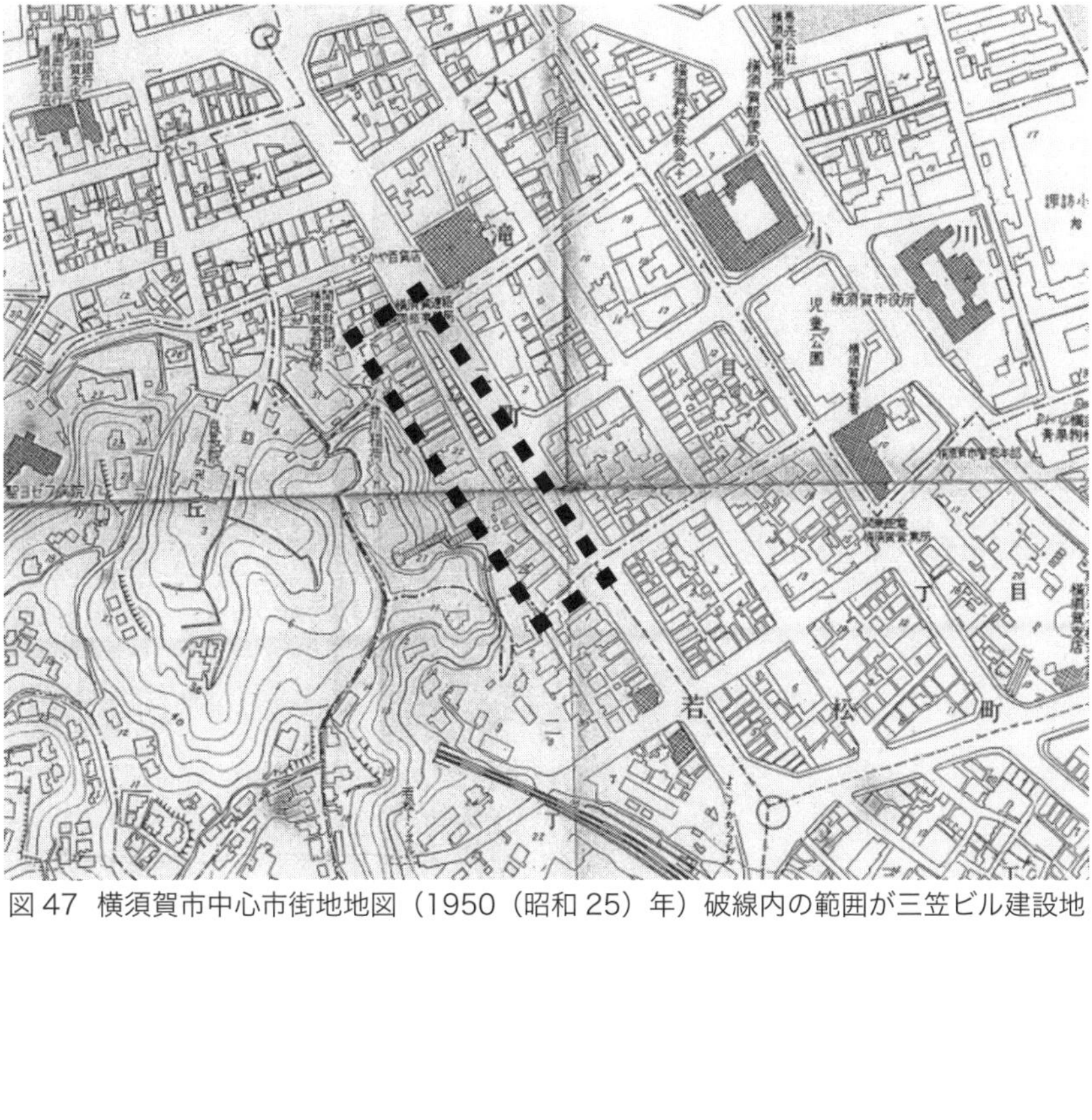


図 47　横須賀市中心市街地地図（1950（昭和 25）年）破線内の範囲が三笠ビル建設地

日米安全保障条約によって基地提供が義務づけられ、海軍の街から基地の街へとシフトした後、横須賀は下町地区の商業活動を中心に、三浦半島エリアの中核を担うようになっていた。

「この時期の本市の商店数の推移をみても、戦前の昭和八年に四四三一店であったものが、二五年には三九八四店、二七年には四一八四店、二九年には四六五七店と遂次増加し」「市内各地域に商店会、商業組合が組織されはじめ、…商店同士の横のつながりや市民生活との結びつきの強化をねらって、横須賀専門店会、優良店連盟が結成された」と『横須賀市史』が記すように、市内各地において商店会組織の自立化が図られる。三笠銀座商店街では一九三一（昭和六）年に「三笠通り商栄会」が発足した。三笠ビル商店街協同組合が竣工記念に編纂したパンフレット『新しい街「三笠ビル」商店街』（一九五九、以下『新しい街』）が記すように、「この三笠ビルができる前の三笠通り商店街は、…通産大臣賞を獲得したほどの立派な街で、まだまだ、十二分に働ける店ばかりでした」とされる、活気ある商店街であった。

このような各都市の商店街の共同化が実現した要因として『日本の都市再開発史』は災害の復興、都市計画の実施、接収地からの復興の他、地元の自発的な動きを挙げている。三笠ビルの場合は、地元の自発的な動きと市の行政的な動きが契機となり、幾多の困難を乗り越え、全国的に知られた共同化事業が実現した（表7）。また、当時の神奈川新聞の記事は、横須賀中心部の防火地域指定とセットで、防火建築帯整備の補助制度を説明している。当時の三笠銀座商店街が、県下一位の商店街であったことや、地元の意識も新しいビル建設に前向きであったことがうかがわれる。

共同化への取り組み

そもそもは街外れの遊興地として形成された下町地区では、計画的なまちづくりが行われず、中心市街地

表7 三笠ビル建設の経緯

| 出典 | 日付 | | 内容 |
|---|---|---|---|
| ◎ | 従前より | | 三笠通り商店街有志による、宇都宮、沼津、静岡等の視察 |
| ○ | S30 | 12/09 | 「三笠銀座に共同ビル」計画が進められている |
| ○ | S31 | 06/13 | 「帯状の防火地域を」防火地域と防火建築帯の説明会開催 |
| ○ | | 11/03 | 「県下一位の三笠銀座」近くに通産大臣表彰をうけることに |
| ○ | S32 | 02/23 | 「下町中心街を防火地帯へ」25日の県都市計画審議会に提案 |
| ○ | | 04/10 | 「全店を鉄筋三階建」 まんなかの通りはガラス張りのアーケードで |
| ○ | | 04/17 | 16日商店街が市建設部に耐火建築物建築申入書を提出<br>本建築の設計監督は市に一任、ガラス屋根アーケードは市が整備等 |
| | | 08/06 | 横須賀市長より県建築部長　昭和33年度防火建築帯造成計画書の提出（県公文書館資料） |
| ◎ | | ― | 横須賀市長より市制五十周年の協賛事業として、耐火建築促進法及び条例に基づく新しい街づくりの依頼 |
| ◎ | | ― | 組合として、かねての不燃化建築研究資料に基づき、これを受諾する回答 |
| ◎ | | ― | 市の建築課の指導のもと任意組合「三笠銀座建設組合」発足 |
| ◎ | | ― | 公庫融資の交渉、設計者の選定、仮設店舗移転申請、道路使用許可、などの諸準備を進める |
| | S34 | 01/06 | 公共用歩廊　許可申請（三笠ビル商店街　所蔵資料） |
| ◎ | | 01/25 | 建築業者選定にあたり、中央業者と地元業者で、二論が激突　組合長辞任 |
| ◎ | | 01/28 | 組合会議再開　地元業者案で総会開催し、賛成者約四分の一となり収拾つかず、建築希望者は総合設計に基づいて個々で行う事となる |
| ◎ | | ― | 建設組合は解散し、清算処理をおこなう |
| ◎ | | ― | 建設希望者が世話人会をつくり新組合の構想作成 |
| ● | | 02/09 | 第1回世話人会（代表、規約案、運営組織、作業日程など検討） |
| ◎ | | 02/16 | 希望者懇談会を開催。個々の意見と希望を調整し運営方針を決定 |
| ◎ | | 02/17 | 出席者29名　三笠銀座建築組合　満場一致で発足 |
| ◎ | | ― | 建築管理委員会（業務担当）査定委員会（利害関係の調整）総務委員会（渉外担当） |
| ◎ | | ― | これから先、一店二店と希望者が増える |
| ● | | 02/17 | 建築組合創立総会、役員選出、設計説明 |
| | | 02/18 | 公共用歩廊　許可（三笠ビル商店街　所蔵資料） |
| ● | | ― | 第1回建築管理委員会　公庫書類説明、仮設店舗請負業者決定など |
| ● | | 02/24 | 仮設店舗に関する合同委員会 |
| ● | | 02/25 | 建築管理委員会　請負業者の選定 |
| ● | | 02/27 | 第2回組合総会　請負業者に9社を選定 |
| ● | | 03/26 | 組合ニュース　見積合せ不調9社に通知 |
| ● | | 04/01 | 臨時総会　本工事業者錢高組に決定　旧店舗取り壊し日程決定　7～12日まで |
| ● | | 04/02 | 臨時総会 |
| ● | | 04/11 | 本契約 |
| ● | | 04/18 | 起工式 |
| ● | | 04/20 | 工事着工 |
| ● | | 06/28 | 商栄会臨時総会　共同建築及びアーケード建築の促進を決定 |
| ● | | ― | 協同組合の定款に運用面を加え創立総会を開く |
| ● | | 07/08 | 協同組合創立総会　理事長以下役員決定 |
| ● | | 07/15 | 綜合委員会　協同組合設立に伴う出資金払込　登記事務等の担当者決定 |
| ● | | 07/26 | 綜合委員会、東京見学の結果、中央通路仕上材と方法の決定 |
| ◎ | | 08 | 三笠ビル商店街協同組合を設立 |
| ● | | 09/04 | 組合総会　開店期日は11月1日に決定 |
| ● | | 11/01 | 愛の鐘取付け |
| ◎ | | 11/08 | 1階店舗一斉に開店 |
| ● | | ― | 新築移転大売出し |
| ◎ | | 11/27 | 盛大な落成祝賀会（建設大臣、県知事、横須賀市長、商工会議所、基地米司令官など来賓四百余人） |

出典資料
○　神奈川新聞　横須賀湘南版及び横須賀版
◎　小滝武夫「横須賀三笠ビル商店街造成に当って」『不燃都市』（社）東京不燃都市建設促進会、1961年
●　『新しい街「三笠ビル」商店街』、三笠ビル商店街協同組合、1959年

の繁華街として木造の簡易的な飲食店などで構成されていたため、幾度も発生した大火に悩まされていた。震災復興により市街地の区画道路が整備された後、昭和三〇年にも下町地区の大滝町は火災に見舞われた。三笠ビル商店街協同組合副理事長（当時）の小滝武夫が『横須賀三笠ビル造成に当って』（一九六一）の中で「該当区域は…本市における政治、経済、教育の中枢部分をなしている。然るに…防火的には殆んど無防備の非戦災木造既存建築物によって形成されているばかりでなく、…北及北東の恒風は、背面丘陵に阻まれて、海岸沿いに風向を変転する悪条件下にあるため、不幸火を発し大事に至った場合はたちまち延々たる灰燼の焼野原と化し…最善の防止策は、全域の不燃化にあるも…経済力、重要度及び美観の点より本区域を選定したものであって、都市不燃化の第一歩としたものである」と記すように、都市の不燃化は横須賀市民の宿願でもあった。

しかし、三笠ビルは鳥取市などと違って、直接的な火災災害からの復興を目的として建設されたものではない。また戦災からの復興でもなく、都市計画道路の拡幅などに絡んだ区画整理でもなかった。建設の動機は他都市の防火建築帯と比較した表8に示されるとおり、「三笠ビルの今度の建築は、これ等の例と一寸違う点がある。三笠ビル商店街の有志もかねがね近代都市の美観と設備を持ったお客様に充分の奉仕の出来る商店街の構造に造り変えるべきであると考え、…三浦半島の中心地でありながら東京方面にお買物に行かねばならないお客様へのサービス等、考えると建築しなければいけない」（同右）とあるように、商店街を構成する店主たちの使命感が、防火建築帯への建て替えの大きな動機であった。

そして、さらに直接的な契機として「（昭和）三十二年四月横須賀市長より公文書を以って商店街会長あてに市制五十周年の協賛事業として耐火建築促進法並びに県市の関係条例に基づく新しい街造りをしてもらいたいと依頼されたのである。…組合も市の公文書による依頼の返事としてこれを受諾する旨書類を以って答えた」（同右）と、横須賀市の市制五〇周年の関連事業として、市からの協賛申し入れがあった。横須賀市も耐火建

表８　他都市の防火建築帯と比較した三笠ビルの特徴

| 都市名（大臣指定年） | 鳥取市（1952） | 沼津市（1953） | 横浜市（1952〜1958） | 横須賀市 三笠ビル（1958） |
|---|---|---|---|---|
| 事業化に至る契機と経緯 | 大火からの復興 | 都市計画道路整備による道路拡幅<br>道路拡幅に抵抗した地元商店街の意思 | 戦災復興の遅れ、接収解除地の都市づくり | 明治大正の大火の記憶<br>明治大正の道路空間の活用<br>市制50周年記念事業に合わせた地元の熱意 |
| 建築・形態的な特徴 | ファサードが不統一 | 1階部分をセットバックしたアーケード型商店街<br>統一されたファサード<br>従前敷地割を継承<br>背後地は手つかず | 中庭型の建築群<br>一部のモデル商店街ではセットバック<br>下層部は商店、上層部を賃貸住宅<br>（下駄ばきアパート：区分所有の考え方を導入） | 縦断的道路に2階建てアーケードを設置<br>立体的な商店街の整備<br>180mのファサードの統一<br>従前敷地割を継承<br>電気、電話、下水設備、外装、アーケードの共同化 |
| ソフトな仕組みづくり | 国や自治体の主導 | 道路拡幅事業との調整<br>建築協定や美観地区の指定 | 横浜市助成公社による独自の助成制度<br>神奈川県住宅公社との連携<br>一部では建築協定 | 地元権利者の組合組織による合意形成<br>商店街協同組合による共同施設の管理 |
| 周辺道路との関係性 | 都市中心部の本通りに面する沿道型 | 都市中心部の本通りに面する沿道型 | 都市づくりの手法として面的な整備<br>街区囲い型（中身の空地化） | 従前道路を商店街のビル内に一体化 |
| 都市整備の流れの中の位置づけ | 全国初の防火建築帯の整備 | 美しい都市景観づくり | 線的整備から面的整備へ | 街区単位の整備への道しるべ<br>組合施行に向けた指向性<br>近代的都市づくりへの誘導 |

築促進法成立に伴い、国や県からの指導の下、助成金支出のための条例を制定したことを背景として、都市の不燃化に向けた全国的な動きや、明治期以来、大火に脅かされてきた経緯を踏まえて、市の側からビル建設を働きかけた。任意の組織体である「三笠銀座建設組合」が、市の建築課の指導の下につくられたという事実からも、こうした市側のスタンスが読み取れる。

しかし三笠ビルの場合、それにも増して「商店街会長小佐野皆吉氏始め役員の一致した市制五十周年事業協賛に意欲と熱意は勿論、青年層店主の行動的な活躍は想像以上のものがあった」（小滝、一九六一）とあるように、特に地元商店街の青年層の熱意が建設事業への大きな呼び水となった。実際、この青年層を中心にした研究会は従前から存在しており、「宇都宮、静岡等を熱心に幾度となく見学して…研究を進めれば進めるほど不燃化の必要は痛感され、都市の美観とか再開発、新しいまちづくりとか美辞麗句になり勝ちな言葉の影にある商店街の時代的存在価値」（同右）に気づいていた。

一九五七（昭和三二）年八月、横須賀市は神奈川県を経由して、防火建築帯計画書を提出している。国や県からの照会に対して、地元の熱意を鑑み、三笠ビルの建設を念頭に置いた計画書だったと考えられる。同計画書では三笠ビル以外にも防火建築帯の指定が考慮されていたようだが、三笠ビル以外の事業実施は確認されない。

区分所有法が存在する現在の再開発においても、事業がスタートしないほとんどの理由は、地元権利者の合意形成ができないことにある。ビルの共同化は、耐火建築促進法の制定段階で村井が指摘したように、ほんの一部の権利者の反対があれば、公共的な利益を受けることができなくなるという宿命的な弱点があった。三笠ビルの場合においても、共同化するにあたり、おそらく賛同を得られなかった権利者が複数名いたものと考えられる。外観は一体の建築に見える三笠ビルだが、実は数棟に分かれた鉄筋コンクリート造の建築物であり、

図48　三笠ビル：統一された大通り側の外観（2022.05撮影）

その間には共同化に不参加だった店舗のコンクリートブロック造や木造の建築物が挟まっていた。

　現在、三笠ビル商店街協同組合の事務室には多くの「青図」（建築設計図、非公開）が残されている。平面図だけでも数種類あり、店舗の位置や数が図によって異なる。おそらく設計途中あるいは建設工事の途中で、共同化への参加不参加の意向を変えた権利者がいたことが推測される。また、どのような経緯を経て最終的な合意に達したのかは資料が残っておらず、当時の経験談を語る長老もいないので詳細は不明である。しかし三笠ビルの完成形を見ると、共同化に不参加者の区画を外した上で、参加者のみでブロックごとに建替えると共に、大滝町大通りからは一体の建物に見えるような手法が採られた。

　三笠ビルの大通りに面した外壁面は統一された計一八〇mのファサード（正面外壁）を有し、特に北東側のブロックは長さ約一六〇mの一体的な外観をもつ(図48)。建設当時は、まだ区分所有法がなく、沼津と同じく長屋方式でつくられた共同ビルであ

図49　三笠ビル：大通り側ファサードに見られる不連続部分（南寄り）

る。このため、それぞれの土地所有の形態（敷地割）が、そのまま各店舗の建築平面プランに反映され、間口や柱スパンは店舗ごとにバラバラである（図50）。また、現在の三笠ビルの外観は一体の長い建物に見えるが、詳細に見ると、構造的に縁が切れているような箇所が見られる（図49）。

三笠ビルは構造としては数棟に分かれており、受電設備、電話設備及び浄化槽など、また中央通路のアーケードや大通り側の外壁面などについては全商店の共同施設として、全商店で構成する商店街協同組合で整備し、維持管理を行っている。

この間の経過について『新しい街』収録の建設日誌抜粋によると、以下のような経緯を経たことがわかる（表9）。まず、電気設備や下水浄化槽設備等を共同化することによる合理性やメリットをふまえ、合意形成を行った。そして設備関係各施設の共同化を呼び水にして、県道側アーケード、外装、三方からの入口及び全体装飾についても共同化することの合意形成が図られた。そして工事着工後、六月二八日に、ようやく共同建築とアーケード建築が決定された。

「この共同建築―三笠ビル―に於いては、建設途上において、この際アーケード共同管理室等の共同施設を設けるべきである。という意見が強まり、第二次計画として建替えに参加しなかった一部の店も含めて全商店が三笠ビル商店街共同組合を組織し、商店街全体の経営にも大きな飛躍を成し遂げた」（新しい商店街）。

『新しい街』に収録されている配置図（図50）によると、ビル建設時に共同化へ参加した店舗は、商店街全四九店舗のうち三八店舗であった。共同化不参加の店舗も、共同施設とするメリットが高い設備関係施設に加

図 50　三笠ビル商店街 配置図（『新しい街』より）
斜線の区画は共同化に参加した 38 店舗を示す。

えて、商店街全体の価値の向上を鑑み、大通りに面するファサードや中央通路アーケードの共同化については合意が得られた。

結果として、近代的な設備を備え、長さ一八〇ｍのファサードと、天候に左右されずに安心して買い物ができるアーケード付きの中央通路を有する、横須賀初の防火建築帯が下町地区に完成した。「統一された都市美」を見せるその雄姿は、今日も横須賀中心市街地の顔として、大きな存在感を保ち続けている。

組合組織の結成

多くのプロジェクトにおいて最初期の勢いは良いが、事業が具現化すると様々な立場の違い、法律上の解釈、気づかなかった点などの問題が発生し、頓挫することがある。三笠ビルの場合、まず一九五七（昭和三二）年四月に横須賀市から市制五〇周年の協賛事業としての依頼があり、商店街としてこれを受け入れる回答を行った。ここでは「商店街会長小佐野皆吉氏始め役員の一致した市制五十周年事業協賛の意欲と熱意は勿論、青年層店主の行動的な活躍は想像以上のものがあった」（小滝、一九六一）とあるように、以前から勉強会を重ねていた青年層の活動が大きな推進力となって、「市制五十周年協賛事業の本質性から見ても当然市の建築家の指導のもとに任意組織ではあるが三笠銀座建設組合がつくられた。」（同右）

しかし、「思いがけず二つの難関を迎えることになり建設組合の一時的崩壊がきたのである。その一つは、仮設店舗の問題であり、他の一つは建築業者の選定であった」（同右）とあるように、地元組織は二つの問題を乗り越えなければならなかった。

仮設店舗の問題については既に、大規模な共同化を行うには当局者（行政など）が便宜を図らなければできないと、前章の沼津市の件で今泉が指摘したように、集団的な商店街が一斉に一、二年の間、営業をしない、

表９　三笠ビル工事着工から協同組合設立までの経緯（1959（昭和 34）年）

| 日付 | 内容 |
| --- | --- |
| 4月20日 | 工事着工 |
| 5月12日 | 第１回業者組合連絡会議　以下等を決定<br>・毎週火曜日定例会議<br>・個戸及び業者の申入れは全部組合を通じる |
| 5月20日 | 共同電話について研究データを配布 |
| 5月29日 | 建築査定委員会　共同施設の公平分担について以下等決定<br>・電気は、各戸のキロ数にて分担<br>・浄化槽工事費は比率による、維持費は今後の研究を俟つ<br>・県道側アーケードは共同施設として考える<br>・外装、三方入口、全体装飾も共同施設として考える |
| 6月2日 | ・変電室は、中央、第一、第二と三か所に設ける<br>・共同電話交換室は３階とする |
| 6月28日 | 商栄会臨時総会、小佐野会長が議長となり<br>1. 協同組合は、横須賀市の将来より見て設立に伴う共同建築並びにアーケード建築を含めて促進することに決定<br>2. 協同組合の定款に運用の面を加えて創立総会を開く |
| 7月8日 | 協同組合創立総会　理事長以下役員決定 |

＊『新しい街「三笠ビル」商店街』建設日誌抜粋より作成

ということは、客側からも、あるいは従業員の雇用の面からも、そして営業者としても、ありえない事である。ちなみに現在の再開発では、さまざまな営業補償が行われる仕組みがある。三笠ビルの場合、商店街前に広い道路があったため、県知事の許可を得て、この道路上に仮設店舗をつくることで、この問題を乗り越えようとした。

ところが「県知事はこの許可を下さる時二つの条件をつけられた…一つは基地司令官の許可を得る事、他の一つは対面商店街の同意を得る事」（同右）という条件があった。ここでいう基地司令官とは、横須賀市に駐留している米海軍の基地司令官のことである。いかにも横須賀らしいが、その理由は「米軍基地の事であるから大型トラックの交通上支障をきたしたり、又事故も生じてはいけない」（同右）という配慮であった。しかし、これに対し「市並びに商工会議所の心をこめたお話の仕方も充分あった事と思われるが、許可されたのみか横須賀の街が軍港から転換して美しい街になる事を喜ぶと言われ、建築中の仮設店舗に駐留軍将兵に買い物に行くようにと呼びかけ基地新聞にも書かれた」（同右）とあるように、結果として米軍側は、かなり協力的であった。現在も同じく、街の活性化に対する米海軍基地側の協力は、少なくとも横須賀においては多大なものがある。

一方「対面商店の一部から同意されないと言う話が出た」ものの、「市、関係団体の御厚情により後に大過なく解決された」（小滝、一九六一）とあり、市側の強力な推進体制がみえる。これもやはり、市制五〇周年の協賛事業として、市から依頼した経緯もあってのことであろう。また、三笠ビル建設から約一〇年後、対面の商店街でも再開発が行われたが、その時も同じ場所に仮設店舗が設けられた。結果として、この件はお互いさまとなった。

仮設店舗の問題の解決後、さらに大きな問題として「建築業者の選定は深刻な問題となり三十四年一月二十五日、中央業者とするか、地元業者にするかで組合内に二論が激突した。」「入札の結果は大差なく技術的に地元業者も一応の水準に達している…商店街建築に経験を持っている業者を一番頼りにする」（同右）とあるように、一方では地元商店街のことでもあり、付き合いの深い地元施工業者との繋がりがあったに違いない。

一方、大規模な工事でもあり、できる限り短い工期で確実な施工を期待し、全国規模の実績を持つ施工業者に頼みたいという意見のぶつかりもあった。現在の再開発事業は公共工事に準じ、入札結果が一円でも安ければそれで決まり、もしも同額の場合は、公開によるくじ引きで決めることになっている。そして「組合長はこの問題の解決に迷い辞任され、一時放棄の止むを得ない状態となった。…三日経た三十四年一月二十八日組合会議を再会《ママ》し、中央業者案の方々に一歩譲歩して頂き信念的な犠牲をしのんでいただき…地元業者案一本として…商店街会長小佐野皆吉氏に総会開催を願い、席上賛否を再確認した所、賛成者約四分の一となり収拾つかず建築希望者は総合設計に基づいて個々で行う事となった」（同右）とあり、この時点で建設組合は解散し、清算処理を行った。

その後、再度の入札等を経て施工業者が「銭高組」に決定したため、この段階で地元業者一本化に賛成した四分の一の権利者の意向は、結局は継続されることはなかった。

商店街総会からおよそ二〇日後、新たな組織「三笠銀座建築組合」が発足するが、この間にどのような動きがあったのだろうか。小滝（一九六一）は「人間万事塞翁が馬とか、この総会に於ける人間の心理的風景は次への大きな試練として役立ったのである。一時的な収拾によって我を折って従うことは後に深い禍根を残す…大問題を前にして人は赤裸々な心を見せてくれた。逆説的にこの日の事が、再建築の際の人事と組織に組み上げられた。」と記している。また、「建築請負業者の決定問題をめぐって組合員の間で意見が対立し一時計画が中断される事態に見舞われたが、本建築が市政五〇周年協賛事業として市民に公約したものであり、公共的なものとして関係官庁、地主、金融機関の理解と、さらに仮設店舗の県道設置を交通難にもかかわらず後援してくれた、米軍基地司令官の熱意を組合内部の問題で無駄にすることに対して、組合員のなかで強い反省が生れ」（東商調査部、一九六二）とあるように、横須賀市で初めての不燃共同化ビルの建設が、私的かつ個人的な建築行為でなく公的な利益に基づく公共的な事業であり、だからこそ公的機関からの補助金など関係諸機関の協力が得られたとする、まちづくりというマクロな視点からの使命感のようなものが、この事業を復活させた大きな理由となった。

現在においても、再開発の最も難しい点は同じである。すなわち、個人的な利益を目的とした共同化は、なかなか成立しない。再開発という行為をまちづくりという公共的事業として、大局的視野で推進することが肝要であり、個人的な利益は結果として後からついてくるものである。個人的利益を目的とすると、権利者間の合意形成に必ず失敗する。おそらく、小滝が言う「人間万事塞翁が馬」という表現は、このような大きな障害があったからこそ、その後の新しい組織による事業の推進がスムーズになった故の言葉だったと思われる。

この商店街組織の危機に際して、『大滝町会創立五十周年記念誌』編集委員長を務めた、高地光雄の活動が注目される。「三笠銀座通り商店街の一角で洋品店を経営していた山口米吉さん（故人）は、…二度（震災前の火事及び震災時の被災のこと、筆者補足）の被災の体験から、商店街の不燃化には特に熱心だった。息子の靖二さんは、父の思いを青年部仲間の高地さんに告げに行ったことから意気投合、手を携えて商店街の不燃化に取り組んだ」（石井、二〇一〇）とある。さらに「三笠銀座通り商店街で不燃化の話が持ち上がったのは、大正十二年（一九二三）の関東大震災を経験した中年以上の世代の間からだった…この時、大火の恐ろしさを体験した幾人かの人たちの間で、この際、同商店街の不燃化に取り組むべきであるという話が進み、これを跡継ぎの青年部に伝え、計画の推進、実現を要請した。これを受けた青年部では、不燃建築の商店街を目指す建築研究会を発足させ、行動に移した…高地さんは最初から建築研究会に参加、積極的に発言、行動して、中心メンバーの一人になった」（同右）とあるように、商店街の不燃化活動の原点は関東大震災時の大火の経験にあった。そして早くから建築研究会を発足させるなど、その活動を牽引していたのが、高地氏を始めとする商店街の青年部であった。「建築研究会のメンバーは、不燃化に取り組んでいた静岡県…を視察するなど調査・研究を重ね、約一年かけて三笠銀座通り商店街の不燃化案をまとめ」（同右）とあるように、高地は青年部の中心人物として、不燃化・ビル共同化の下案を既に作成していたと考えられる。

　商店街共同ビル化の建設事業に対して商店街組織が分裂した件については、「一部の店から反対が出るなど紆余屈折はあったが…」「高地さんは、この三笠ビルの建設事業に終始関わり、商店街青年部の主要メンバーの一人としての役割を果たした。三笠ビル建設中の昭和三十二《ママ》年（工事中なので昭和三四年か：筆者補足）七月、三笠ビル商店街協同組合が発足したが、高地さんは、先に紹介した山口靖二さんともども若手の理事として企画・庶務を担当し、新しい三笠ビル商店街の運営に活躍する」（同右）とあるように、新しい商店街組織の中で、高地は中心的な役割を果たすようになった。また「横須賀商工会議所の会頭でもあった三笠銀座通り商店街の会長だった小佐野皆吉さんは、最初青年部の若者が推進した商店街の不燃化計画に不賛成で、中心になって活動する「よそ者」の高地さんにはいい感情を持っていなかった。ところが不燃化案が実現、三笠ビルが完成して大きな評価を得たのをみて、この計画推進でリーダーシップを発揮した高地さんを見直した」(同右）とあるように、この事業の企画から実現までの商店街組織の動きは高地の力が大きかった。さらに推測の域を出ないものの、「三笠銀座建設組合」が解散し、およそ二〇日後に「三笠銀座建築組合」が発足した際のキーマンも、高地であったと考えられる。

高地は、かねてより商店街の青年層の中心的存在として先進事例の視察などを推進しており、「建設組合」解散による事業の頓挫は忸怩たる思いだったに違いない。建設組合解散後、誰かがよほどの周旋活動をしない限り、この短期間に新たな組織の立ち上げは不可能である。この二〇日間の経緯によると、建設組合解散後、ただちに建設希望者による世話人会ができ、新組合の構想を作成し、世話人会が中心となり希望者懇談会を開催して、個々の意見と希望を調整、出席者二九名を得て、新たに建築組合を発足させている。

こうして三笠銀座建築組合が発足し、組合組織下の活動部隊として、業務担当の建築管理委員会、利害関係調整を行う査定委員会及び渉外担当の総務委員会が組織された。その結果として、徐々に共同化への参加希望者が増えることとなった。

この時期における商店街の組織化の経過を時系列的に見ると（表9参照)、出席者二九名で建築組合が発足し、仮設店舗の請負業者決定、旧店舗取り壊し、本工事業者決定後、昭和三四年四月二〇日に工事着工となっている。その約二か月後の六月二八日に商栄会（従前から存在している商店街組織）臨時総会があり、共同建築及びアーケード建築の促進を決定とある。『新しい街』建設日誌抜粋には、六月二八日の商栄会臨時総会において「協同組合の定款に運用の面を加えて創立総会を開く」とあり、この時点で「協同組合」の創立総会を開くことを決定し、七月八日に正式な創立総会が開催された。また小滝（一九六一）も「建築途上三十四年八月《ママ》（『新しい街』では七月八日：筆者補足）任意組合にてこの建物の管理面並びに商店街運営に支障があってはいけないと云う事で三笠ビル商店街協同組合を設立した」と記している。つまり、工事着手時点の商店街組織は「三笠銀座建築組合」という任意の組織であり、この時点では共同化の具体案やアーケードの形態などについては未定であったか、あるいは今とは異なったものであったと思われる。しかし工事着手後、設備関係の共同施設の費用・管理区分などを検討していく段階で、共同化に参加しなかった店舗を含めて「任意組合にてこの建物並びに商店街運営に支障があってはいけない」（同右）という意識が商店街全体に広がり、共同化の推進と「三笠ビル商店街協同組合」の設立に至ったと考えられる。

要するに賛同者二九名の三笠銀座建築組合で工事を進め、設備関係施設の管理面などの検討を進める中で、共同化に不参加の店舗においても、共同化のメリット、共同施設の負担割合や管理の必要性及び、全商店が参加する新たな組織の必要性の理解が浸透した、という事であろう。そして「この共同建築―三笠ビル―に於いては、建設途上において、「この際アーケード共同管理室等の共同施設を設けるべきである。」という意見が強まり、第二次計画として建替えに参加しなかった一部の店も含めて全商店が三笠ビル商店街協同組合を組織し、商店街全体の経営にも大きな飛躍を成し遂げた」（新しい商店街）となったのである。

### 中央通路の建設

三笠ビル商店街を縦断に貫く、歩行者専用の中央通路がある（図51）。この通路はもともと横須賀市の市道、通称「三笠通り」であった。公道が建物の中を縦断している例は希であり、現在でも幾つかの法的ハードルを越えないと、このような空間はつくることができない。三笠ビルの場合でも、商店街を縦断するこの道路と共

図 51　三笠ビル中央通路：屈曲する通路の両側に並ぶ店舗群（2022.05 撮影）

同化するビル・建物との関係をどのように扱うかが議論された。一九五七（昭和三二）年四月一〇日の神奈川新聞記事には、ガラス屋根が架かるアーケードが描かれており、この中央通路のあり方が検討されていたことがうかがわれる。

商店街の視察先でもあった沼津市をはじめ、共同化ビルとこれに接する前面道路との空間的な関係性は、各都市の防火建築帯で様々な工夫が凝らされている。三笠ビルの場合、前面に震災復興による幅員一二間（中央車道八間）が完成しており、これ以上の道路拡幅の必要はなかった。

アーケード付きの商店街は、実は三笠ビル建設以前からここに存在していた。関東大震災の後の道路拡幅による街区整理の結果、残された道路空間の両側に並ぶ店舗群の内、「島側」と呼ばれた県道側のブロックは、震災で行き場がなくなった商店群を収容するような形でつくられた。「一昨年（昭和二九年、筆者補足）二月工費六百万円かけて建造した鉄筋ジュラルミン製のアーケードは…浅草の仲見世のような感じのにぎわいを呈している」（神奈川新聞、一九五六（昭和三一）年一一月三日の記事）とあるように、上空にアーケードが設置された道路は、雨天でも買い物ができる歩行者専用通路として賑わった（図52）。三笠銀座商店街が一九五六（昭和三一）年に通産大臣賞を受賞したことは、この中央通路の存在が大きく影響したと思われる。

三笠ビルの共同化を検討するにあたって、この縦断的な道路をどのように扱うか。当時の状況から、その課題を整理すると、「買い物ができる歩行者専用の道路として将来的に活用したい」という希望的な一般論に対し、①道路上の建築物は建築基準法上認められない、②道路を廃道すると、裏側の商店は接道しなくなり建築基準法上建て替えができなくなる、③廃道すると市道でなくなるが、市以外の誰がこの通路（の土地・底地）を取得し、管理するのか、④道路法の道路、横須賀市道のままとすると、車の通行を主とするアスファルト舗装の道路形態が原則である等の問題があったと考えられる。また一九五七（昭和三二）年四月一七日の神奈川新聞記事には、ガラス張りのアーケードの設置費用は市が負担する、とある。

これらの課題に対する解決策として、現在ならば再開発の手法による対応も考えられるが、当時は法的整備も整っておらず、課題解決に対して暗中模索であったと推測される。これらの課題解決に向けて、市制五〇周年協賛事業という位置づけの中で横須賀市からの協力もあり、日本不燃建築研究所からの「立地条件を最大に活用させようとして、この中通りを店内通路として建築的に処理し、島側と山側とをこの店内通路で建築的に一棟として集約させる案」（今泉、一九六〇）が提示され、実現に至った。

ここではまず建築基準法第四四条の許可により、道路上の建築許可を得て、アーケードを設置する手法が採られた。このアーケードは沼津市とは異なり、私有の建築物が上部にあるのでなく、後に述べるように二階部分は歩行者が通行できる構造の公共的な屋外通路としての形状である。その意味からは、法的には現在の立体道路に近いが、市などが整備する公共施設でなく、財産所有は民であり、道路構造物ではなく道路上を占用

図 52　従前の三笠商店街：中央通路上部に架けられたアーケード

する建築物扱いである。この許可申請については、一九五九（昭和三四）年一月六日に申請され、同年二月一八日に許可されており、申請者は三笠銀座商店街建設組合である。この時期はちょうど「建設組合」が解散した時期（昭和三四年一月二八日頃）にあたり、新しい組織である「三笠銀座建築組合」が同年二月一七日に発足したばかりであった（表7）。許可通知書にある申請者の名称（三笠銀座商店街建設組合）と文献記録にある組織の名称（三笠銀座建築組合）が違っているのは、この時期のあわただしさを表しているようでもある。

図 53　三笠ビル中央通路：竣工直後の様子（昭和 30 年代）

一九五九（昭和三四）年二月一八日付の許可書には、この道路上の建築物の用途は「公共用歩廊」であり、「公共用歩廊上は使用してはならない」と記載がある。また『新しい街』建設日誌抜粋には、「昭和三四年七月二六日 中央通路仕上げ材と方法の決定」とある。こうして道路上の建築許可を得た上で、工事に着手した後に道路廃止を行うこととし、土地（底地）の所有者は横須賀市のまま、その上部のアーケードの所有者は三笠ビル商店街協同組合となった。

『新しい商店街』には「中央通路（図53）は約五〇戸の共同店舗の店内通路として華麗な人造石で飾られている」と記されている。この通路部分の仕上げ材（三〇㎝角テラゾーブロック）の整備費用は商店街の負担であった。横須賀市の道路（図54）である場合、公共工事であれば通常、アスファルト舗装となる。現在では道路面のインターロッキング舗装なども可能であるが、当時は難しかっただろう。廃道して民地とすれば仕上げ材は自由であるが、その場合は商店街がその底地を所有し、管理しなければならない。

「勿論、旧道の廃止については、幾多の大きな問題があり、廃止後もその部分を市有地として、その管理については市が責任を負うこと、この際通路部分をできるだけ拡巾する事、消防活動、避難等に支障のないように配慮するとともに、背後に補助的な道路を設けること等細部にわたって各方面と折衝の末、決定されたもの」（新しい商店街）とあるように、最終的には一九六六年（昭和四一）年八月に商店街から市への陳情がなされ、中央通路は正式に廃道された。中央通路は横須賀市の市有地（土木事業用地）とされ、その整備費用は商店街が負担し、仕上げ材の管理も商店街が行うこととなった。

今日この中央通路を通る買物客は、路線型の商店街の前の道路を歩いているのか、はたまたショッピングセンターのような大規模商業施設の中を歩いているのか、気にすることはあるのだろうか。アーケードの存在は、三笠ビル商店街をあたかも一棟の建築物として認識させる効果をもたらしている。いずれにしても「デパートの特色と商店街の特色がよく調和されており、買物の雰囲気を楽しむのに十分である」（東商調査部、一九六二）という、魅力ある建築空間が生まれた。そして「ここの計画の特色…それは一口にいって、道路拡巾によって、通過交通の負担をのがれた旧道を廃止し、これを通路としてこの上を鉄筋コンクリートのアーケードで蔽い両側の商店街を一つのビルに作り上げたということである」（新しい商店街）とあるように、全国的にも珍しい、魅力ある歩行者専用通路が完成した。

なぜ、この中央通路は鉄筋コンクリート造のフラットな屋根で覆われたのだろうか。当時の矩形（断面詳細）図（図55）で見る限り、この二階スラブ（床板）は両側の建築物と、構造的に分離されているがエキスパンションジョイント（伸縮継手）が無く、両側の建築物の梁にアゴを設け、スラブ端の梁を乗せているだけである。これでは両側の建物の揺れを吸収することができず、

図 54 三笠ビル中央通路の道界プレート
（2019.01 撮影）

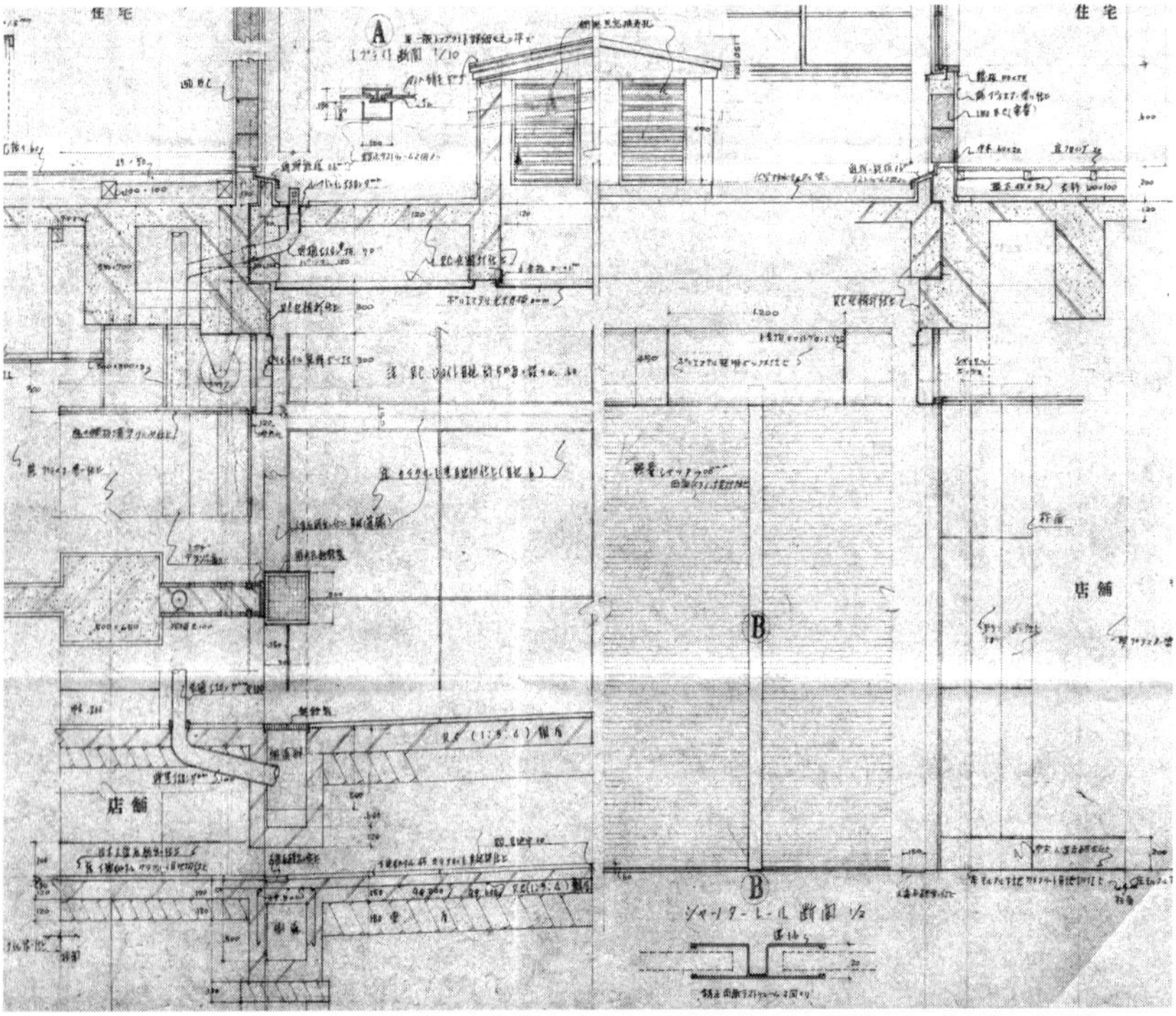


図 55　三笠ビル中央通路部の矩形図（日本不燃建築研究所作図、1953 年頃）

もしクラックが入れば雨漏りの原因ともなりかねない。

三笠ビル中央通路上に架かるアーケードには当初、その両端に外階段を設けて一般に開放し、二階も商店街として活用しようとする計画があった。中央通路が廃道されたことにより、道路上の建築物として許可を受けた時点での、二階部分の通行禁止事項も無くなる。この前例のない立体的なアーケードの提案には、日本不燃建築研究所あるいは、今泉の設計思想があると思われる。

今泉は三笠ビル建設の前、一九五八（昭和三三）年一月号の『建築雑誌』に「土地の立体換地の問題、地上階の公共用歩廊建設の合理計画の立案…法の整理を望む」と記しており、狭小化している土地所有区分の問題を解決するためには、官庁、建築家及び地元権利者が一体となって将来形を描き、そのための方策を討議しなければならないとしている。

また日本不燃建築研究所は横須賀の後、高岡市で防火建築帯を建設している。高岡市では、横須賀で試みられた二階を通路とする歩行者専用の共同施設の整備の進化形として、「各人が土地を出し合って、地下まで達する吹き抜けの共同中庭や、共用の廊下や通路、階段が設置されている」「日本不燃建築研究所の手による商店街建築は、当初は宇都宮や魚津のように、道路に沿って線上に個別の店舗が建ち並び、共同建築を形成している形式だった。…これに対し後の時代には横須賀のように通路の両側に店舗が並ぶものや、高岡のように街区すべてを一つの建築とするなど新たな形式が見られる」（初田、二〇一二）とされる。防火建築帯の事業の理想形をたどると、まちづくりという方向性を示していることは、全国初の防火建築帯であった鳥取市の結果を踏まえ、既に村井が指摘していた（前章参照）。

全国の防火建築帯事業に最初期から関わっていた日本不燃建築研究所としても、商店街建築の将来形を街区単位のまちづくりとして捉えていた可能性が高い。つまり、日本不燃建築研究所の設計思想は、沼津市をはじめとする全国各都市の防火建築帯事業を進める中で、街区単位のまちづくり事業へ近づいていたことが推測される。しかし沼津市のように、道路上に占有の建築物をつくるアーケードの前例はあったが、アーケードの上部を共同施設として開放型通路とすることを試みたのは、横須賀の三笠ビルが初のケースであった。この提案は、防火建築帯の整備事業が、街区単位のまちづくり事業へ進化するための大事な一歩となった。

しかし一方で、たとえ設計者の提案があっても、建築主の意向が異なれば、このような建築空間は具現化しない。これについての商店街組織や権利者たちの意向を察する資料は残されていない。しかし、この三笠ビルが竣工した時点では、「食料品関係の弱さを補完するために、現在、二階店舗をスーパー方式を採用した組合直営の綜合食料品売場にすることが考究されている」（東商調査部、一九六二）とあるように、商店街協同組合としては、食品関係の商業施設の開設を考えていた節がある。三笠ビル竣工の数年後には、中央通路の両端に二階へと至る外階段が取り付けられ、盛大な式典が行われた（図56・57）。しかしアーケード二階が開放されていた頃、どのような店舗があったのか、どのくらい使用されていたのかは不明である。昭和四〇年代になると二階通路は閉鎖され、中央通路入口前の外階段も撤去された。

## 共同化実現への努力

「次に、旧店舗の取り壊しの段階になった訳であるが、…個々にとって住みなれた家であり、生活の基盤としての店舗…家屋を守る主婦に於いてはなおの事であった。…営々と築き上げた店を壊し多額の返済をしなければ…自らの年令と思い合わせ不安が浮かぶ…城を明け渡す前夜の城主に似た思いで店を眺めるばかりで仲々《ママ》取り壊しに掛る人はいなかった」（小滝、一九六二）「しかしながら、その後いよいよ実行段階に移って仮設店舗…の建築がはじめられてからも、住みなれた店舗や住宅に対する強い郷愁から決断がなかなかつかず…通産大臣賞を獲得したほどの商店街であり、まだ十二分に耐用年数のある店舗が多かった」「これに対する指導者の説得が肝心である…三笠ビル商店街（協）の場合も、指導者がこれ

図 56 三笠ビル：中央通路両端に設けられた外階段（1971 年頃）

図 57　三笠ビル：アーケード二階へと到る外階段

の理解と説得に最も多くの労力を費やしている」（東商調査部、一九六二）とあるように、店によっては家族の反対など、当該者にとっては切実な問題があった。この点に関しては「小滝副理事長から、組合員の注意と結束強化をはかるために、建設の〝グワ入れ式〟を盛大にしたことや旧店舗の取壊しには、自店から率先してはじめた」（同右）。また、「この時に役員の一人が毅然と他に先がけて行った勇気はたちまち次に続くものを呼び数日にして原野に返った。この時家族懇談を開いたのも役立ち、崩れ落ちるホコリの中で掃除に当った役員幹部の姿もたくまざる演技として役立った」（小滝、一九六一）と、小滝副理事長自らが事業推進の前面に立つ姿を見せた。そして「取り壊しによってその疑念（建設への足踏みの意か：筆者）の一端は信頼と後援の立場に変えられた。」（同右）とあるように、ようやく工事着手に向けて動き始めることになった。旧店舗の取り壊しという現実的な行為を当事者たちが受け入れるまでには、それなりの抵抗があったが、こうしてビル建設へ向けて、この難局を乗り越えることができた。

　具体的な設計をまとめ、施工を進めるにあたっても、多大な問題があった。三笠ビル建築組合創立時の参加者は二九名であった。『新しい街』の商店街配置図（図50）に掲載されている店舗は四九件であり、この中で共同化された不燃建築（鉄筋コンクリート造）と思われる店舗は三八件である。残る一一件は木造又はコンクリートブロック造だったと推測される。いずれにしても、組合創立総会に参加した者二九名に対し、「一店二店と希望者が増えて行った」結果、完成時には三八店舗が参加した。参加者が日ごとに増えるため、設計作業はなかなかまとまらなかったに違いない。設計者泣かせの状況が容易に想像される。

　さらに『新しい街』建設日誌抜粋によると、一九五九（昭和三四）年四月一日に工事業者に銭高組決定、四月七～一二日に取り壊し、七月二〇日に工事着工となるが、その後の六月二八日に商栄会臨時総会で、共同建築及びアーケード建築の促進を決定したとある。つまり工事着工時点では、共同化もアーケードも決まっていなかった。また資料には明確な記述はないが、仮設店舗の許可の期間が限定されていたためか、工事工期がおよそ七か月間と非常に短い。これだけの規模の建築を、しかも多くの設計変更を伴いながら竣工にこぎつけるのは、並大抵の苦労ではなかったと思われる。

三笠ビル商店街協同組合には多くの青図（建築図面）が保管されているが、平面図だけでも数種類あり、設計条件が何度も変更されたことがうかがえる。おそらく設計途中のみならず、施工途中においても多くの変更があったことが推測される。さらに平面詳細図を見ると、店ごとに全て間口、階数、広さが異なり、一階店舗と上階の住戸は特注の設計プランとなっている。これは設計担当者が一軒ごとに、場合によっては各家族の中に入り、希望を聞きながらプランニングをしない限り、なかなかできないことである。ここには、今泉率いる日本不燃建築研究所のスタッフの執念が感じられる。

前章で述べたように、今泉が建築家を目指した最初の動機は関東大震災からの復興であり、都市災害から人命を守るという使命感であった。彼も当初は、都市労働者のための共同住宅の建設に多く関わる中で、公共的な住宅であるならば共通プランもやむを得ないとしていた。その後、沼津市などの地方都市の不燃化事業に関わりながら、日本の狭小な土地所有形態に対する解決策として、商店街のビルの共同化を目指し、個々の住戸に対しては共通プランでなく、各戸の要望に可能な限り応じた設計を行っている。

このような経歴をもつ今泉にとって、狭小な木造店舗付住宅の生活環境の向上は、絶対的な使命感として心の中にあった、と思われる。横須賀の街は長らく大火に悩まされ、関東大震災では甚大な被害を出している。だからこそ、三笠ビル建設という困難な事業について、一軒一軒ごとの要望に応じた店舗や住宅プランをまとめて変更に応じ、施工を含めて驚くほど短い期間で完成させることができた。また、今泉は沼津市などの事業での経験を踏まえて、不燃建築を実現するための必要条件として、地元に暮らす当事者たちの熱意を求めた。

三笠商店街においては、組織瓦解の危機を乗り越えるべく活動した青年層や行政などの関係機関の動きがあり、防火建築帯実現への条件も整っていた。残された図面群に込められた、三笠ビルの建設にかける今泉の強烈な熱意は、青図を見る者にひしひしと伝わってくる。

## 三笠ビルの建築的特徴

### 配置・平面計画

図58は三笠ビル商店街協同組合が所蔵する青図を基に作成した図版である。震災復興で設けられた幅員一二間（約二一・八四m）の県道26号（大滝町大通り）に面して、長さ一八〇mのファサードが続く。アーケードで蓋をされた中央通路を挟んで線状に伸びる建物の背後には、急峻な崖地が迫っている（図59・60）。

『都市の戦後』が「建て替えに伴う土地権利の問題はここではあまり重要な問題となっていない。市道を挟んで山側はほとんどがもとからの地主で一部借用していた者も坪三〇万円ほどで土地を買い取っている。一方、県道側は横浜工地株式会社の所有であったが、建築に際して同社系の銀行から借り入れするという条件で、手数料程度で権利更新がなされている」と記すように、防火建築帯の建設を契機として、商店街の土地所有関係が整理された。しかし換地は行われずに従前の借地にて土地所有権が更新されたため、それぞれの敷地割の不整形な形状は、鉄筋コンクリート造のビルの平面内にそのまま残された。まだ区分所有法（一九六二年制定）が無い時代であり、結果として不整形な敷地ごとに建築行為を行い、隣接する壁を共有する長屋方式が採用された。

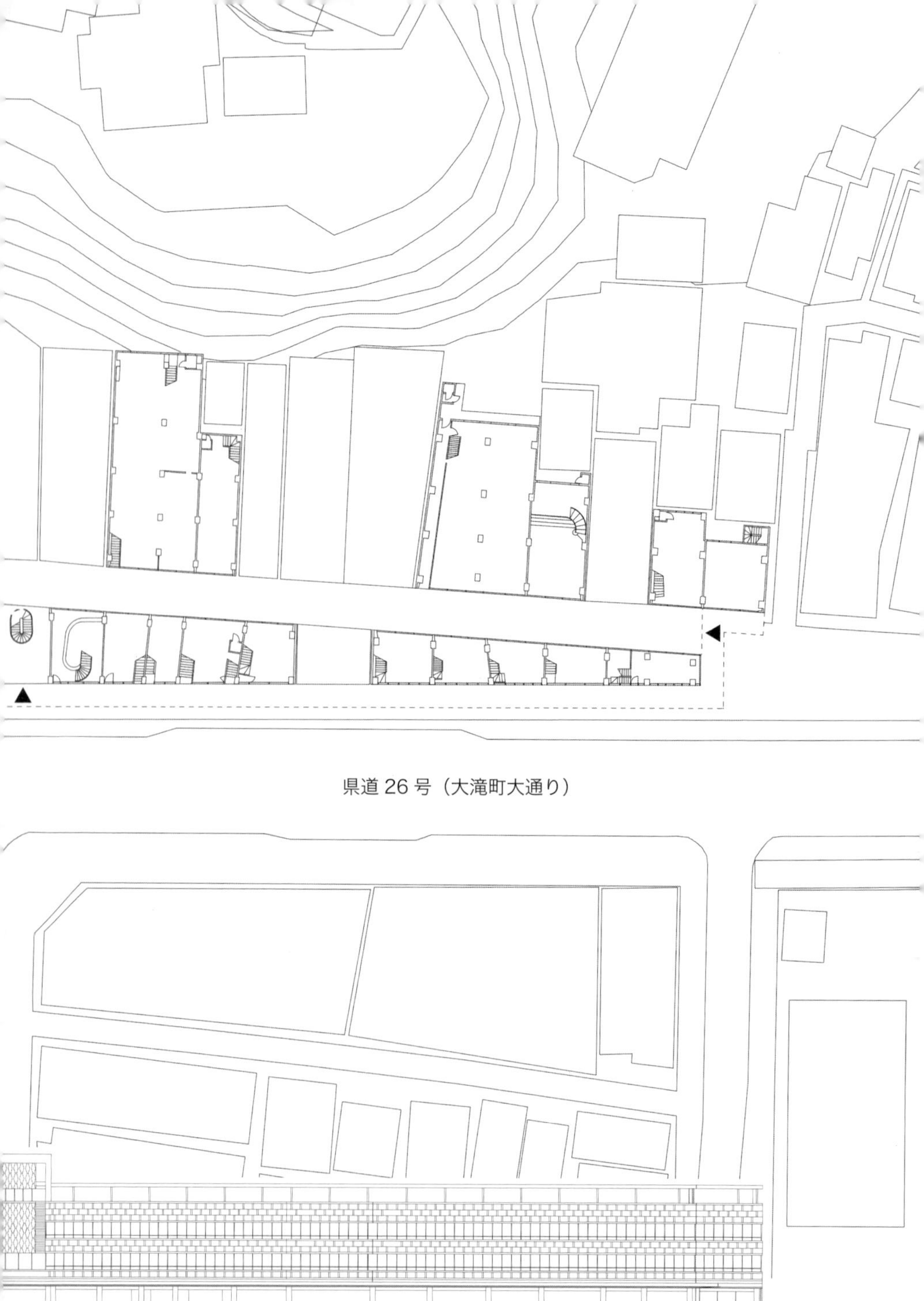


三笠ビル商店街協同組合所蔵）をトレスし、基盤地図情報（国土地理院）上に再構成したもの）

図 58　三笠ビル：1 階平面図および大通り側立面図（日本不燃建築研究所作図、1953 年頃

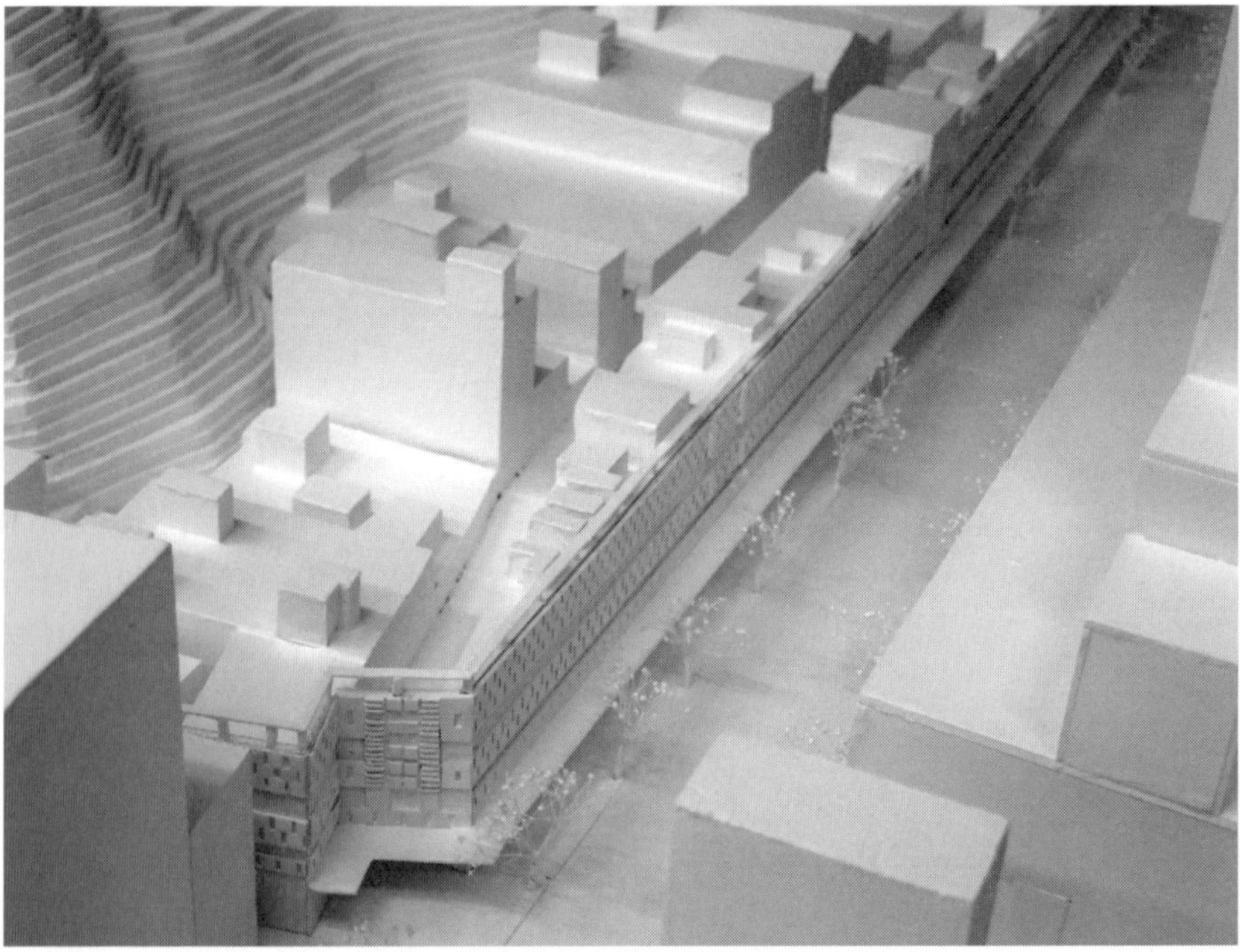

図59　三笠ビル 模型（製作：関東学院大学黒田研究室）南東側から見るファサード

かつての敷地形状が反映された各戸の上階は、店舗やオーナー住居、あるいは従業員の居住空間や倉庫など、それぞれの事情で利用方法や平面が異なる。平面計画は各戸でそれぞれ異なり、所有者の細やかな要求が聞き入れられた。また図面内には空白の箇所もあるが、これらは恐らくスケルトン（躯体）工事が進められ、各戸の内容が定まった後にインフィル（内装）工事が順次進められたものと考えられる。これは現在の再開発においても、内装や設備などが各戸ごとに別途発注されることがあるのと同様であろう。五〇件以上の店舗や住戸の個別要求に応じながら、短い期間に設計と施工を進めていくことは至難の業であり、日本不燃建築研究所及び施工を担当した銭高組スタッフのエネルギーには驚かされる。

オリジナルの配置図中には、大通り側から一一mの位置に「防火帯線」のラインが引かれている。これは耐火建築促進法による補助対象の範囲を示す。つまり、このラインより下（県道側）の建築物には補助金が交付されるが、ラインより上（崖側）の部分には補助金

図60　三笠ビル 模型（北西側）大通り沿いのファサードと背後の中央通路

が付かない。一つの敷地内にラインが引かれる場合、その面積按分によって補助額が決められたと考えられるが、かなり複雑な計算となるだろう。同じく防火建築としての建替えでも補助金額が違うことに、当事者たちは大きな不合理を感じたと推測される。同配置図内には崖側に「既存建物」の記述が複数見られるが、共同化に参加しなかった店舗群にとっては、補助金の有無がネックとなったのかもしれない。

補助金額の算定や商店主達への説明は、日本不燃建築研究所が行ったと思われる。当時の日本不燃建築研究所は防火建築帯建設のため、建物全体のスケルトンから各戸のインフィルの設計とその調整、そして補助額の割り振りなど、建築設計事務所の業務の範囲を超えた再開発コンサルタントとして活動していた。多岐にわたるその業務は、今泉をはじめ日本不燃建築研究所スタッフの熱意と強い意志が原動力となった。

三笠ビルには、中央エントランス内にある組合管理室へ通じるらせん階段を除いて、共用の階段が存在しない。上階へのアプローチは、全て一階の各店舗内に設けられた階段による。

この時期、すでに横浜市では下層部の店舗部分と上層部の居住部分の所有を分離し、居住部には下層部を経由せずにアプローチできるようにして、第三者へアパートとして賃貸が可能という、後の再開発事業にもつながる事例も誕生しつつあった。しかし三笠ビルの場合は最初期の防火建築帯と同じく、各戸の敷地割がそのまま維持された。現在のビル各所には街路や中央通路から直接、上階の店舗や事務所等に通じる階段があるが、これらも店舗内の階段と同様の位置づけである。

防火建築帯の建設は商店街の店主達に対して、共同化に伴う制約と経済的負担を強いた。後年、経済成長期に入り、各店舗が独自で耐火建築を建設できるようになると、複雑な土地権利関係はそのままに、街路に面して雑多なペンシルビルが林立する光景を生み出した。また職住分離が進み、商店主が郊外に居住するようになると、商店街組織を成立させていたコミュニティは希薄化し、やがて職住一致・近接型の住居兼用店舗は都心部から消えていった。こうした店舗群がいまだに使われ続けている三笠ビルは、高度成長期以前の一時代を象徴する建物ともいえる。

断面（換気・採光）計画

三笠ビルは幅員四・五mの旧市道を挟んで、両側に三階建（一部四、五階）、高さ一一・二一m（三階屋上まで）の店舗兼用住宅が建つ構成をもつ。幅員二五mの県道に面する東側のブロックは日当たりも良いが、西側のブロックの背後は切り立った崖であり、正面には東側ブロック背面が迫るため、良好な通風や採光は望めない。このような断面をもつ建物では、今日のように住宅用の空調設備が普及していない時代、室内環境は悪化せざるを得ない（図61）。

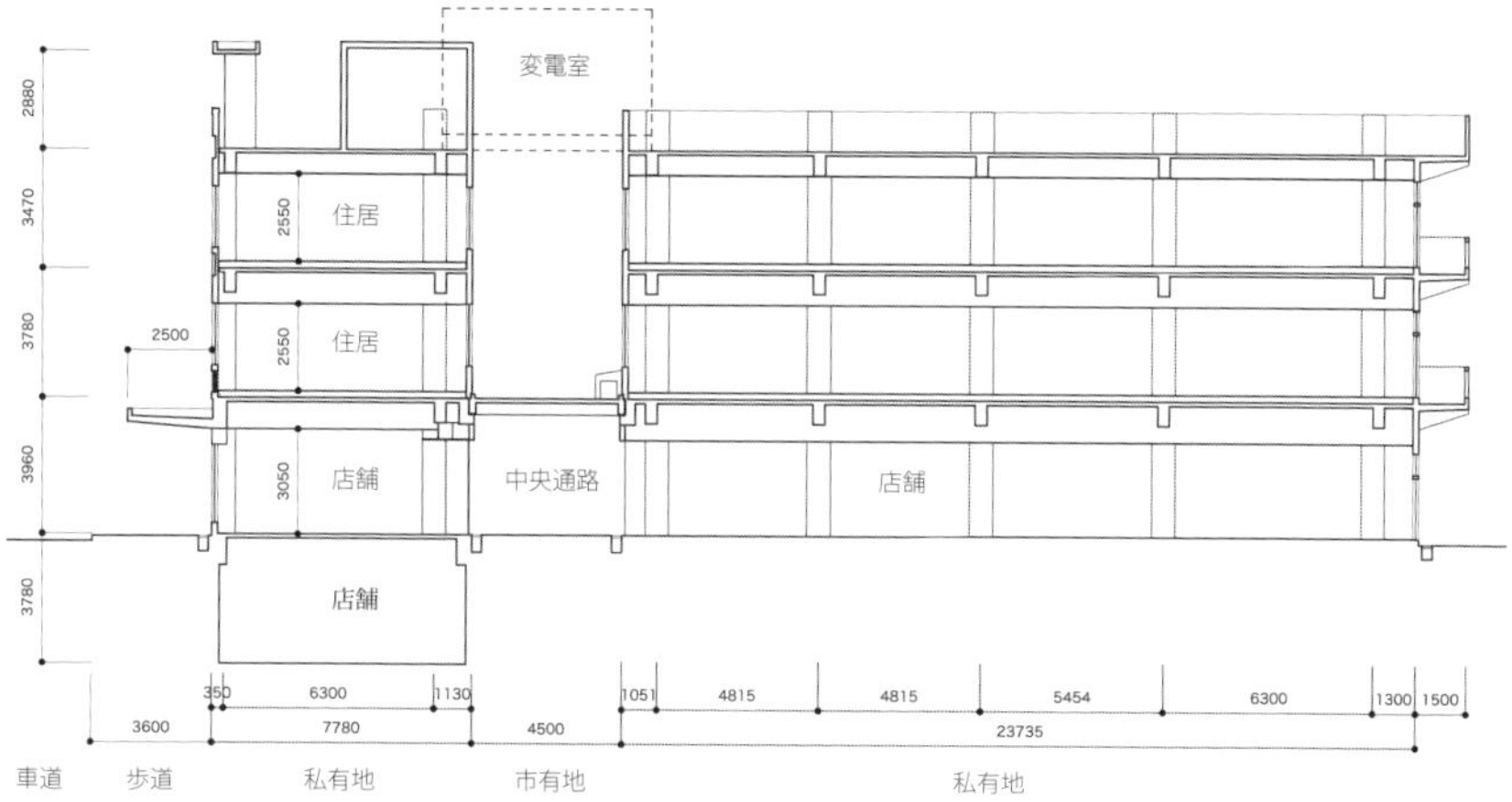


図61　三笠ビル 短軸断面図（日本不燃建築研究所作図（1953年頃）をトレスしたもの）

三笠ビルでは断面計画に幾つかの工夫が見られる。大通り側のファサード内には、自然換気を促すガラリ（羽根板付きの換気口）が複数設置されている（図62）。帯状の壁面上に互い違いに配置されたガラリは、矩形のニッチ（窪み）と同型とされ、統一感を損なわない意匠上の工夫が見られる。これらのガラリは、二・三階の住居の室内換気のために充分機能したと思われる。また中央通路の換気のため、アーケード二階の各所には換気口が設けられている。こうした工夫からは、設計者の室内環境への配慮が伝わってくる。

居室の採光については開口部が限られるため、各戸室内の間仕切りを無くすか、可動とする工夫が見られる。また図55に見るように、商店街の中央通路の天井には、換気口を兼ねたトップライトが計画されていたが、開業当時の写真（図53）を見る限り、実現には至らなかったようである。当時の技術では雨水の処理が不十分で、雨漏りや結露などの問題が起きる可能性

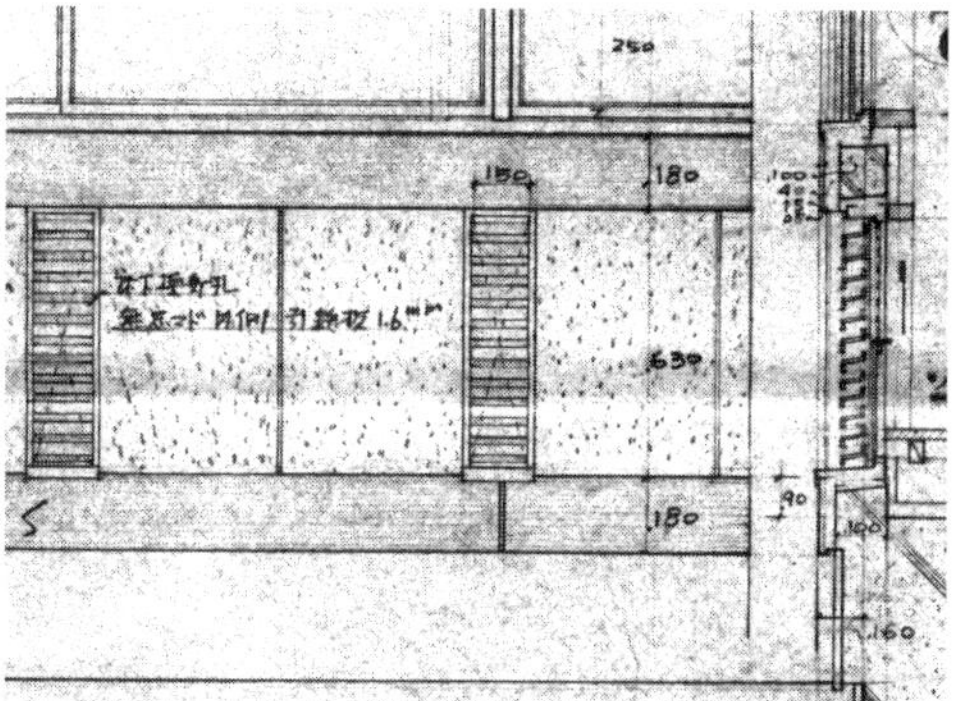

図62 換気口詳細（日本不燃建築研究所、1953年頃）

## 電気料は最低4割安くなる

商店街全体を1加入者単位として、東京電力から、一括送電を受けることとしました。この結果、施設費を見込んでも従来一番安い電気料の店でも、キロ当り10円払っていたものが、渇水期の高いときでも、平均7円で済むことになります。

## 交換台設置で連絡も簡便・経済的

外線15、内線 120の共電式複式 200型交換機3台を据えました。これで、今後の増設が容易になります。基本料金も、交換手の人件費を加えても、単独電話より4割も安くなります。

また、商店街の各店は店内インターホンが要りませんし、三笠ビル内の通話はタダです。外からの通話の回送もできます。

図63　近代的な電気・電話設備（『新しい街』より）

が高く、また中央通路アーケードの二階が通行路として開放されたこともあって、アーケード二階床面の中央に点在するトップライトは、通行を阻害するものとして削除されたのかもしれない。

### 近代的な設備計画

三笠ビルの建設にあたり、共同化のメリットを活かした近代的な設備計画が行われた。代表的なものとして、同ビルを構成する複数の建築物に対する一括受電設備と、専用交換台を備えた電話設備が挙げられる（図63）。

三笠ビル内に設置された変電室や電話交換室については「S．三四．六．二　一括受電設備工事、変電室は中央、第一、第二と三か所に設ける。共同電話交換室は三階とする」とパンフレットにあるように、工事着手後に設置が決められた。三笠ビルでは工事着手後に共同化が行われたため、設備計画の決定がずれ込んだものと思われる。

中央エントランス上階に設けられた中央変電室

に加えて、中央通路の入口上部四階には、アーケード二階の上空にまたがるように第一・第二変電室（現存せず）が設置された。ビルの両端に設けられた変電室は共同施設でありながら、地上階から同室に至るまでの共用階段が存在しない。つまり、階下の専用部（個人宅）の階段を経由しないとたどり着けない。このことからも、施工途中の段階で共同化が決まった慌ただしさが伝わってくる。また、この変電室が置かれた区画の所有者は、同室へのアプローチを提供する立場からも、当初から共同化を推進する側の権利者だった可能性がある。

排水設備については「これは高地さんの発想だが、裏山にトンネルを掘って大規模な五百人槽の浄化設備を設置、各店に設ける水洗便所の排水を一括浄化して下水道に流すことにした。当時、横須賀では、ほとんど水洗便所がなく汲み取りに頼っていた時代で、この計画が実現して初めて大規模な水洗便所が登場した」（石井、二〇一〇）とあるように、共同化の恩恵として近代的な設備が設けられた。

## 大通り側のファサードデザイン

三笠ビルの建築デザインの中で最も特徴的なのは、長さ約一八〇ｍにも及ぶファサード（外壁面）だろう。白く長く伸びる三階建ての外壁面は、モダンで印象的な都市景観を形づくる。現在二、三階の窓枠および屋上と一階の庇の小口は青く塗られているが、建設当初の写真（図45）を見ると窓枠は黒ないしグレーだったと思われる。また現在、中央通路両端のビル入口上部には円筒状の天蓋があるが、これは後補のものである。

三笠ビル商店街協同組合に保存されている各階平面図を見ると、大通り側の中央エントランス部より南側一か所、北側一か所の計二区画が空欄のまま「既存建物」と記されている。しかしビル全体の立面図は、一体の長い建物として描かれている。この二区画は、鉄筋コンクリート造による建物の構造躯体の共同化に参加しなかった店舗だった。

図 64　三笠ビル：ファサード（正面外壁）に見られる不連続部分（北寄り）

三笠ビルの建設では、商店街の独立した個々の店舗を、耐火建築促進法を適用した防火建築帯として共同化した経緯から、建設に際して換地や土地の権利変換は行われず、各店舗の従前の間口や敷地割が鉄筋コンクリート造の柱スパンに直接反映された。

　ゆるやかに「くの字型」に曲がった旧市道に沿って、その両側に直線状に並ぶ各店舗は、縦割りの区分所有をとる。かつての店舗の間口を引き継ぐ構造グリッドは不規則で、一階店舗の表情もまちまちだ。三笠ビルでは共同化による鉄筋コンクリート造での建て替え後も、従前の木造店舗が建ち並ぶ従前の商店街の都市組織が、新しい建物の空間構成の中に継承されている。

「同商店街のユニークなのは、長さ百八十メートル、鉄筋コンクリート・三階建て（一部四階）の外壁を造り、その中に全五十五店の店舗をそれまでの区画、規模で収める」（石井、二〇一〇）と記されたように、大通り側のファサードは一体的につくられているように見える。しかし詳細に観察すると、外壁の連続性が明らかに途絶えている箇所がある。

中央エントランスより北寄りの区画（図64）では、外壁面が同面でなく、若干突出している。また南寄りの区画（図49）では、最上部の化粧庇の縁が切れる、水平連続窓に柱状の仕切りが入る等の特徴から、エキスパンションジョイントを用いて隣接する区画と分離されているものと思われる。窓面は不透明で内部を見ることは出来ないため、窓の位置と階高が対応しているとは言い切れない。これらの区画は、建設時の共同化に参加しなかった店舗の位置に相当する。ファサードの裏側に残された既存店舗は、三笠ビルの鉄筋コンクリート造による構造から独立した、木造もしくはコンクリートブロック造だった。

ビル内部の不規則な舞台裏を帳《とばり》のように覆う、統一されたファサードが設けられた要因のひとつとして、設計者・今泉善一の理念が指摘される。大通り側ファサードのデザインについて、今泉は次のような基本計画を示している。（イ）連続性の強調、（ロ）一単体ビルの確立、（ハ）二階以上の住居環境の店舗及び一階層の繁雑さからの心理的隔絶、（ニ）一階店舗の擁護と客の購買環境及び一般歩行者の通行に対する条件整備、（ホ）三方入口への視線誘導強化、の五点である（今泉、一九六〇）。今泉は特に、（イ）と（ロ）の二点は「都市美の統一」に必要なものと強調している。

さらに今泉によれば、我が国の都市における土地所有形態はあまりにも狭小であり、人間的な都市生活を送るためには、不燃化、共同化、そして高層化が必要とされる。その解決手法として、土地の立体換地、公共用歩廊の合理的計画、及び不燃高層建築の共同化に対する法律的背景の整備を提示していた（前章参照）。今泉は各地で手掛けた防火建築帯の図面を「私共が今日まで色々な型で闘い、作り上げて来た街路に接する商店街の不燃共同建築の矩計図である」（今泉、一九五八）と記すように、マルクス主義者として一〇年余の投獄経験をもつ今泉は、その反発心を都市生活者の生活環境向上を目的とした設計活動へと昇華させた。

今泉は「当然各店舗の間口が同じものがないという点で、設計を共同建築で統一をとる事については仲々難しい問題にぶつかった」（今泉、一九五八）と述べる。三笠ビルのファサードは、複雑な土地権利関係を乗り越えて防火建築と商店街の共同化を推進した、今泉の理念が形となったものといえよう。

三笠ビルの大通り側ファサードにおける重要な要素として、まず第一に水平連続窓が挙げられる。建物の端から端まで水平に連続し、建物の一体感・連続感を強調する窓は、その背後に存在する、各戸で異なる間取りを隠蔽する。通りに面したファサードを一体・連続なものとする手法は、建設工学研究会が初めて手がけた沼津の防火建築帯とも共通している。

防火建築帯の外壁面の統一は、当初から池辺陽や今泉善一の設計思想に含まれていたものと思われる。『都市の戦後』が「(沼津の場合) 設計面ではむしろイニシアチブをとっていたのでないかと思われる池辺陽の商店街共同建築…従来の店舗と住宅のとの密接な関係を近代的方法で解決し、「街全体としての健康な美しさ」を実現するよう求めている…」「池辺は…「店と住まいとの分離」、「ファッサードの統一」の二点を問題提起…」と記すように、商店街の建物群の一体化と連続したファサードの建設は、特に池辺陽の近代的な都市構造を求める姿勢の中にあった。

水平連続窓 Horizontal Window とは、建築家ル・コルビュジエが提唱した「近代建築の五原則」（一九二七年）の中に含まれる要素のひとつである。コルビュジエはこれからの建築がもつべき要素として、ピロティ、水平連続窓、自由な平面、自由な壁面、屋上庭園の五つを提唱した。また建物の主体構造から分離されたガラスのカーテンウォールによる壁面構成は、バウハウス校舎（ヴァルター・グロピウス、一九二六年）等にその原点を見ることができよう。

沼津の完成されたモダンな外壁に始まり、後に日本不燃建築研究所の代表として今泉が完成させた数々の防

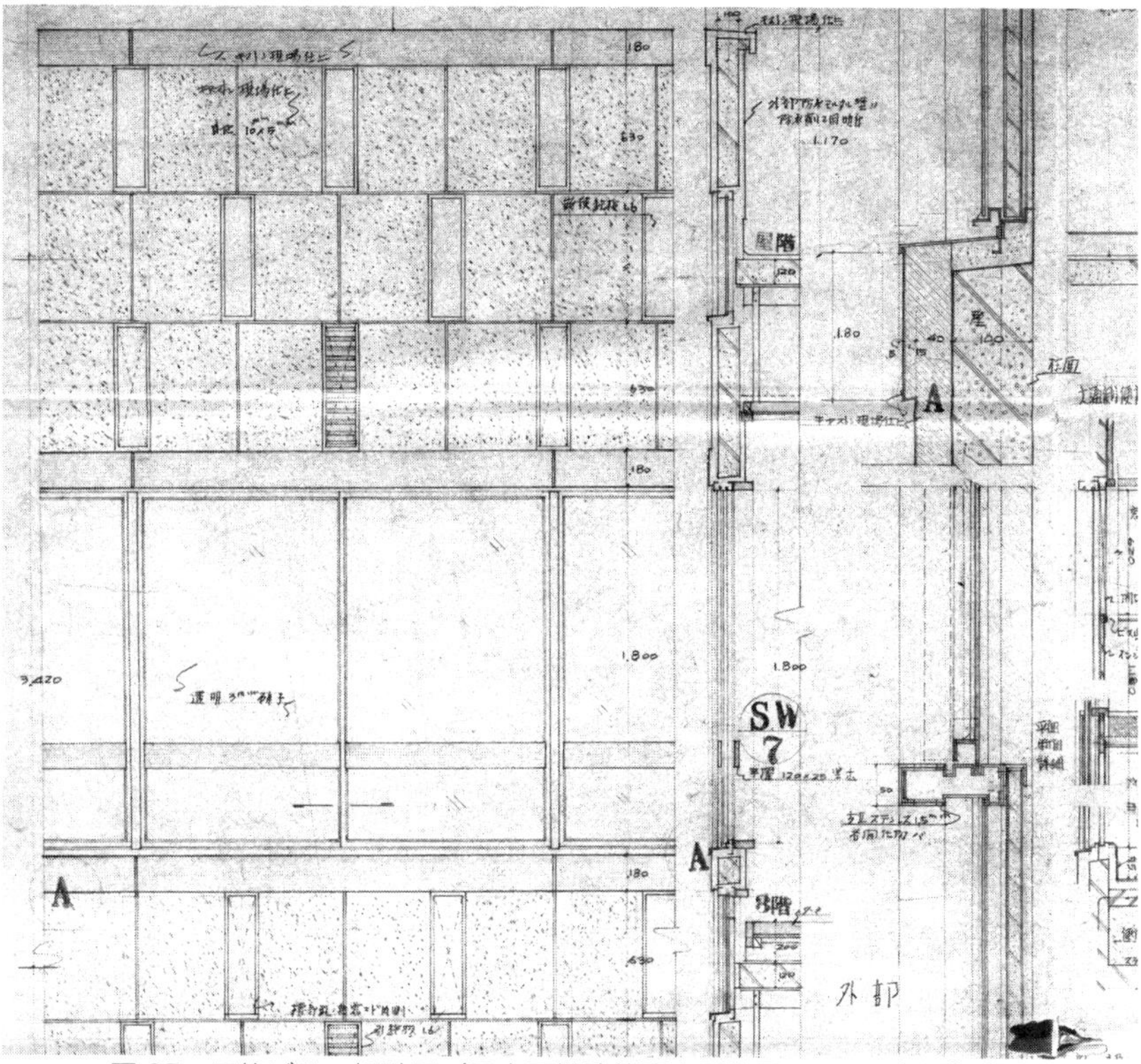


図65　三笠ビル　矩計図（日本不燃建築研究所作図、1953年頃）部分

火建築帯の外観には、建物の端から端まで連続した窓が共通して見られる。水平連続窓は背後にある個別の店舗や住宅の生活感を外に表出させず、構造・設備の共同化を進めた防火建築帯の一体感が強調される。横須賀三笠ビルにおいては、長さ一八〇mにわたって二段の水平連続窓が伸びる、連続性が強調された印象的なファサードが設けられた。

　三笠ビルの矩計図（図65）を観察すると、三階床スラブと外壁面は分離している他、柱は外壁から独立しており、外壁の窓枠と柱は縁が切れていることが分かる。

　このようにファサードを柱などの構造躯体から分離し、外壁面に水平な開口部を連続させて各部屋へ均等に光を入れ、周囲の景観を眺められるようにする手法は、コルビュジエが提唱した近代建築の五原則に含まれる。池辺陽と今泉善一は、防

図66　三笠ビル：ファサードの水平線を強調する屋上の化粧庇（2022.05 撮影）

火建築帯の帯状の外壁面に、モダニズム建築の設計思想を反映させていった。

三笠ビルは、従前の敷地割に従い、個々で平面が異なる店舗が集合した長屋形式をとる。同ビルの場合、各店舗（上層部は住居が多い）で縦割りの区分所有だった。これをそのまま外観に反映させると、鳥取市の防火建築帯のような立面（図29）になっただろう。共同化をテーマとした今泉は、可能ならば各建物の高さを合わせ、防火建築「帯」にふさわしい統一された外観を実現させたかったものと思われる。しかし、各店舗の土地建物の権利者たちの経済的な事情や要求は皆異なり、結果として間口や平面、階数も多種多様とならざるをえなかった。

三笠ビルの各階平面図を見ると、上階は各戸ごとに店舗や居室となっていて、用途も階数も異なる。三笠ビルは店舗ごとに間口が異なり、柱スパンもバラバラなため、様々な業種の店舗が並ぶ一階では、それぞれ異なった表情をもつ。今泉は統一された外観をつくるために、外壁を建築躯体から分離させつつ、二、三階には水平連続窓を配して、背後の住戸の多様性を見えないようにした。

図67 ルスティチ集合住宅（ジュゼッペ・テッラーニ、ミラノ、1935年）

水平連続窓は異なった柱スパンや住戸平面の違いを大通り側に表出させないための仕組みとして機能する。今泉が防火建築帯に組み込んだ水平連続窓とは、均一な採光や広い眺望を得るための建築要素というよりも、商店街という多種多様な店舗や住戸の集合に統合された姿を与えるための一手段であった。さらには区画によって異なる建物の高さを隠すために、ファサード頂部にはその端から端まで水平に伸びる、高さ二・七mの化粧庇が取り付けられた（図66）。この手法は既に、東京・亀戸の防火建築帯で採用されているが、亀戸の建物は小規模で階数や階高は統一されているため、化粧庇は装飾的な意味合いが強い。対して三笠ビルのそれは、部分的に存在する四、五階建のボリュームを大通り側から目立たなくすると共に、建物の一体感を高める働きをもつ。

このようなファサード頂部に設けられた化粧庇は、ル・コルビュジエによるヴァイセンホーフ・ジードルングの実験住宅（一九二七年）やジュゼッペ・テッラーニによるルスティチ集合住宅（一九三五年、図67）等に先例を見ることができる。

三笠ビルでは大通り側に、歩道を覆う幅二・五mのアーケード（大庇）が設けられている（図68）。このアーケードはビル外壁から突出したキャンティレバー（片持ち梁構造）であり、道路上に柱を落とさない。外壁に沿って延びるアーケードは、大通り側の店舗前をゆく歩行者への日よけ、雨よけとして機能し、また各店舗への商品の搬入出にも役立つ。さらにアーケードは、長大なファサードを一階の多様な店舗が並ぶ低層部と二、三階の住宅を主とした上層部とに分節し、モダンな外観を形づくるための良いアクセントになっている。

このアーケードは道路上への建築行為であることから、市の許可を得た上でつくられたものと考えられる。歩道上に差し掛けられたアーケードの先例としては、横浜福富町の防火建築帯がある（図43）。福富町では道路拡幅の必要性に応じて民地が一m後退し、その上部に幅二mほどのアーケードが設置された。三笠ビルの場合は前面道路が十分な幅をもつため、セットバックの必要はなかった。商店街としても、アーケードの共同化について合意形成が図られた。こうして設置された大通り側のアーケードは、三笠ビルを訪れる買い物客だけでなく、横須賀の目抜き通りをゆく歩行者へも広く開かれており、都市に貢献する公共的な役割が大きい。

三笠ビルのファサードは「都市美の統一」をコンセプトとする。水平連続窓、屋上の化粧庇、大通りに面したアーケードによる水平線の強調は、当時のモダニズム建築に見られる建築要素である。水平連続窓の上下にある帯状の壁面には、矩形のニッチ（窪み）が交互に整然と配置される。ニッチの一部は通気用のガラリやはめ殺しの窓であるが、そのほとんどは特に機能をもたない。ファサード中央に位置する塔状のエントランス外壁には、六角形を組み合わせた波紋のようなレリーフが配され、内二つは縦長の窓になっている（図69）。ビル両端の中央通路入口上部にはルーバー状のものが二列、取り付けられている。これらは建物の機能上必要な要素ではなく、当時のモダニズム運動で批判の対象となった「建築装飾」である。

今泉率いる日本不燃建築研究所は多くの防火建築帯を設計しているが、このようなインパクトのある装飾を

図 68　三笠ビル：大通り側のアーケード（2022.05 撮影）

図 69　三笠ビル：ファサード中央の正面玄関と南端の出入口（開業時）

備えた建物は三笠ビルのみである。設計者・今泉善一は「昭和三年に、建築学会で岸田日出刀さんが、『欧州建築の現代の趨勢』の一を出してコルビュジエを紹介しているんです。その二号で今井兼次先生がコルビュジエとかグロピウスとか、ガウディなどを取り上げたわけなんです。そこで、今井先生が教えてくれるならと、早稲田の高等工学校に入ったのです」（今泉、一九八五）と語る。今井兼次（一八九六～一九八七年）は戦後のモダニズム建築一辺倒の中において、戦前の表現派的デザインを保ち続けた建築家だった。

今泉はまた、ヴァルター・グロピウスの事務所に勤め、分離派建築会の一員だった山口文象（一九〇二～一九七八年）が主催する創宇社建築会に参加した。同会は当初、表現主義的な傾向をもっていたが、今泉が参加した頃は、労働者のための施設や建築生産など社会的なテーマへと方向転換していった。

山口は「第七回の展覧会には、今泉善一君も高等工学校を出たばかりで入りましたが、第七回唯一の傑作は今泉君の印刷工場で、非常に優れたアイディアのあるものでした。これは後年、コルビ《マ》ジェ《マ》が同じものを真似しているが…コルビジェは外国人で既に有名であるからコルビジェの作品だといわれておりますが、実際は数年前に今泉君がそういうアイディアを与えているわけです…ドローイングの技術といい、プランニングといい、構造の扱いといい、非常に感心しまして、小躍りしてこの作品を喜んだのであります。建築というものは、その構造と要求されたものとの総合的なものだとして建築を概念し、真の建築の本質に触れているわけです」（伊達、二〇一一）と語っている。この第七回展覧会には、ル・コルビュジエのアトリエから戻ってきた前川國男も作品を展示している。さらに、今泉が第八回制作展に道明栄次と合作で出品した「協同組合アパートメントハウス」（一九三〇年）について山口は、そのプランニングと構造は、日照と通風と各戸への動線を今日的に解決したものであり、ル・コルビュジエの「アパート」計画に一歩先んじていた、と高く評価した。

日本不燃建築研究所のスタッフだった小町治男は「池辺さんのデザインは沼津にみるようなガラス張りの軽

快なデザイン、今泉さんのデザインは柏に見るような形で、穴あきブロックが積んであるように、少々コンクリート気のあるどっしりしたものでした」(伊達、二〇一三)と証言するように、沼津など初期の防火建築帯に見られる、バウハウス校舎を思わせるカーテンウォールは、池辺陽の好みだった。

今泉が担当した柏駅前の防火建築帯（一九五五〜五六年）は鉄筋コンクリート造二階建の建物を複数並べたもので、二階は窓の上下に配された帯状の壁を、僅かにセットバックした角柱が支持し、矩形状の柱間にスチールサッシがはまる「穴あきブロック」のような構成は、コルビュジエの住宅作品に近い表情をもつ。

三笠ビルの大通り側ファサードを特徴付ける、穴あきブロックのごとき矩形のニッチは、その内部に落ちる陰影が、長大故に単調になりがちなファサードにリズミカルな表情を与えている。矩形図（図65）によればニッチは幅一五〇ミリ、高さ六三〇ミリである。水平連続窓のスチールサッシは幅二、一五〇ミリを基準に割り付けられている。さらにこれを四分割して縦目地を設け、目地ひとつおきの交互にニッチ及び同型のガラリを配している。水平連続窓の上下に並ぶ帯状の壁は、大通り側アーケード上部、二階窓上部、三階窓上部の各層で高さが異なるため、ニッチの段数も下から順に一〜三段と変化する。壁面は「キャストン現場仕上げ」（擬石現場叩き仕上げ）と指示され、ざらついた表面仕上げとなっている。

ル・コルビュジエによる日本唯一の建築作品である国立西洋美術館（一九五九年）は、「モデュロール」と呼ばれる寸法体系に則ってデザインされている。西洋美術館の外壁は、マルセイユのユニテ・ダ・ビタシオン（一九五二年）やラ・トゥーレットの修道院（一九六〇年）等の外壁に使われた、小石を植えたプレキャストコンクリートパネルでつくられている。これらの建築では、石の凹凸がつくるテクスチャーが壁面に表情を与えている。三笠ビルファサードのざらついた壁面仕上げは、西洋美術館の外壁の表情とも通じるものがある。土佐青石を植え込んだ西洋美術館のＰＣパネルによる外壁は、モデュロールに従って目地が切られ、その幅は一階の円柱径と同じ五三センチである。パネルの高さは三種類あるが、最下層に配される一番長いパネルは長さ二二六センチであり、その縦横比は四・二六：一となる。一方、三笠ビルのファサードに並ぶニッチの縦横比は四・二：一であり、両者のプロポーションにはどこか近しいものがある。

三笠ビルは国立西洋美術館と同じ一九五九年に完成したが、三笠ビルの方は一一月竣工と、五ヶ月遅い。今泉が三笠ビルのファサードデザインにおいて、西洋美術館の外壁を意識したか否か定かでは無いが、西洋美術館の建設を進めたコルビュジエの弟子、前川國男の事務所で働いた経験をもつ今泉は、モデュロールへの理解と共に、モダニズム建築への共感や比例関係の美しさを尊重するプロポーション感覚を確実に備えていた。国立西洋美術館と同時期に建設された防火建築帯・三笠ビルは、総じてモダニズムの影響下に生み出された「都市の建築」なのである。

戦災の被害を受けなかった横須賀中心部には、関東大震災後に現れた擬洋風の町屋、いわゆる「看板建築」が数多く残されている。県道26号（大滝町大通り）を南へ進み、平坂を登った三崎街道沿いにある上町商店街などには、今なお年季の入った看板建築が散在する（図70）。その多くは木造二～三階建で勾配屋根をもち、防火のために外壁面を銅版やモルタルで覆って西洋風の建築オーダーや幾何学紋様の装飾を施しながらも、内部は純和風の室内をもつ。三笠ビルもまた、一階の店舗と、和室もあった上階の住居からなる多様なユニット群の集合を覆い隠す、装飾的ともいえるファサードをもつことから、こうした看板建築の同族（子孫？）とも言えそうだ。

三笠ビルについて特筆すべき点は、建物の維持管理が行き届いていることにある。全国各地の防火建築帯は建設から六〇年以上が経過し、時代の変化や所有者の変更やその経済状況等に従って度々改修され、中には既に取り壊されて現存しないものもある。三笠ビルでは一九六六（昭和四一）年一〇月に、第一期と同じく日本不燃建築研究所によって第二期工事が行われ、五区画が鉄筋コンクリート造で建て替えられ、不燃化された。その後も数次にわたって改装工事が行われており、現在ではビル両端の中央通路入口上には、当初のアーケードを切断して円筒状の天蓋が設けられ、外壁や窓枠も塗り替えられている。

図 70　上町商店街に残る「看板建築」の一例（2022.12 撮影）

ファサード南側に見られる不連続部分（図49）はビル建設当初の共同化に不参加だった区画であるが、二〇一八年に行われた内部の改修と同時に、頂部の化粧庇や連続水平窓、交互に並ぶニッチを含む外壁が、全体に合わせて再現された。県道側アーケードの上部壁面への広告や看板の掲示は、ビル建設当初の申し合わせで禁止され、いまだに守られている。建物の外観は時と共に変化するのが常だが、三笠ビルが往時の姿を保っていられるのは、商店街の共同化という先人の業績を尊重し、建設当初の理念を受け継ぐ三笠ビル商店街協同組合の方々の尽力に負うところが非常に大きい。

都市防災を目的とした戦後の一時代を象徴する建造物として、また従前の都市組織を建物内に継承した都市の歴史の一証人として、横須賀下町の中核たる三笠ビル商店街は、今日も活気ある姿を見せている。

第六章

# 下町地区の防災建築街区・・・あずまビル

## 高度成長期の横須賀市街地

### 昭和三〇年代以降の日本の社会経済状況

昭和三一年七月の経済白書にある「もはや戦後ではない」というフレーズは、当時の社会経済状況を見据えた名言であった。昭和三〇年代のわが国の経済は、神武景気、岩戸景気、そしてオリンピック景気と続く、高度成長の時代である。そして全国の都市の戦災復興は、横浜市などの接収解除が遅れた都市を除き、初期のステップを越えつつあった。『日本の都市再開発史』（以下、再開発史）によれば「昭和三〇年代は、都市化の時代でもあった。全国人口に占める市部人口の割合は、昭和三〇年の五六・三％から、同三五年の六三・五％、同四〇年の六八・一％と、率にして一一・八％増、市部人口にして一六・六百万人増、増加率にして三三・一％であった。」とあるように、多くの人々が都市型の生活を求めて都市に集まった。ここでは、輸出拡大の日本の経済景気を背景として、いわゆる「三種の神器」といわれた白黒テレビ、洗濯機及び冷蔵庫の三つの家電（又は炊飯器や掃除機も含まれる）を求め、次のステップとして「三C（カラーテレビ、自家用車、クーラー）」を手に入れる、近代的な都市型の生活が展開されるようになった。

しかし、この都市人口の増加は「地域的偏在を伴う形で、つまり大都市とその周辺に偏る形で起った。成長は内部の近代化＝改造＝再開発を要求する。これにうまく対応できない場合には、外界＝郊外の乱脈な肥大に結果する」（再開発史）とあるように、戦災復興の初期のステップを終えた都市構造に対し、次のステップへの進化を求めることになった。つまり、当時のわが国の社会経済状況が、その都市構造の再構成である「都市再開発事業」の推進を求めていたのである。そこでは電化製品やモータリゼーションなどが必順化した都市型生活が営まれ、これに対応した都市構造として、高密度化や共同化されたビル建築で構成される市街地の姿が、その理想形として描かれるようになっていた。

一九五六（昭和三一）年四月に、首都圏整備法が公布される。この法律における首都圏とは、東京都の区域及びその周辺の地域とし、神奈川県も含まれていた。一九五八（昭和三三）年七月には、第一次基本計画が決定され、人口密度及び土地利用形態を適正ならしめるため、都心機能の分散、建築物の高層化、宅地の高度利用などを図り、交通施設をはじめ公共施設を整備するとしている。一九六二（昭和三七）年には、後に第一次とされる「全国総合開発計画」が策定された。ここでは、日本全国の国土の総合的な開発及び保全の基本的な計画が示され、地域間の均衡ある発展が目指された。

そして『横須賀市史』が「六〇年安保条約反対闘争の影響もあり辞職した岸内閣の後を継いだ池田内閣の時代で、国民所得の倍増計画が叫ばれ、いわゆる高度経済成長を目指して公共投資配分と民間経済の誘導が強調され、地域開発が全国各地で行われようとしていた」と記すように、横須賀においても、中心市街地の再整備と並行して、郊外地区の大規模な地域開発が始まっていた。

### 高度成長期の横須賀のまちづくり

三笠ビル建設の一九五九（昭和三四）年から一九七五（昭和五〇）年の横須賀のまちづくりの状況を、中心市街地とその他の市域に分類して示したのが表10である。三笠ビル開店の二か月前の九月、横須賀中央駅のビル化が完成し、三笠ビルと共に下町地区のビル化の呼び水となった。日本の社会経済状況を背景とした右肩上がりのまちづくりである一方、急激な人口増による自然破壊や災害、あるいは交通事業などの都市的な問題も生じていた。

戦後の横須賀の都市計画は、「旧軍港市転換法」に基づき平和産業港湾都市の建設を目指していた。一九五八（昭和三三）年に発表された「首都圏整備法　第一次基本計画」では、市街地開発区域の指定条件として、①工業用地三三〇万㎡　②住宅地一，三二〇万㎡　③開発計画に対応する給水能力の開発、道路計画の決定などがあったが、横須賀市では、追浜地区や久里浜地区の工業用地、久里浜、衣笠、武山及び北下浦地区の住宅用地候補などを合わせ、区域指定の条件を整えた。そして、「ここに、長期的で総合的な視野に立った市発展の指針を示すこととなった。そして、三七年一一月に「横須賀市総合開発計画方針」が発表された」（横須賀市史）。この方針の「まえがき」は、東京湾沿岸の総合開発は大規模かつ早いテンポで実現が図られ、首都圏近郊の本市も進んでこの機会を捉える必要があるとしている。また、「開発の目標となる人口規模」は、今後の積極的な総合開発を推進し、昭和五〇年の計画目標人口を四五万人としている。昭和三七年の横須賀市の人口は三，〇一一，八〇二人であり、一三年間で一・五倍の人口増を計画していたことになる。このため、「総合開発の具体的方針」の最初に、「丘陵地の大規模宅造と谷戸開発を含めた新しい計画都市の造成」を掲げ、さらに「都市施設の新造成地への分散配置、工業地域の最大限度の広域化、東京湾の大規模な埋立てと積極的な港湾開発」を挙げるなど、まさに高度経済成長期における開発誘導型の計画の推進であった。

中心市街地の戦後復興が早かった横須賀においても、国や市の方針を追い風として、一九六〇年代になると市域全体を見据えた大規模開発が始められた。およそ一〇ヘクタール以上の大型宅造団地開発としては、市公社による鴨居の立野団地の開発が一九五九（昭和三四）年から始まり、翌年の一九六〇（昭和三五）年には県公社による不入斗の鶴が丘団地の開発が始まっている。

その後の民間事業者による開発で五〇ヘクタールを超える大規模な団地開発事業としては、西武鉄道による鷹取団地（一二〇・六ヘクタール、昭和四〇～五八年）と馬堀シーハイツ（六四・九ヘクタール、昭和四五

表 10　昭和 30 年代後半と 40 年代の横須賀中心市街地と市域の都市整備の状況

| 年 | 中心市街地の建築物等整備の状況 | 横須賀市の都市基盤整備等の状況 |
|---|---|---|
| 1959（S34） | 横須賀中央駅ビル竣工（9.30） | 京浜急行久里浜線複線化工事完成 |
| | 三笠ビル竣工式（11.8） | 京浜汽船　横須賀富津間に航路開設 |
| 1960（S35） | | 東亜海運久里浜金谷間フェリー航路開設 |
| 1961（S36） | さいか屋百貨店増改築工事竣工式（4.27） | 記念艦三笠復元記念式・三笠公園開設 |
| | 横須賀電報電話局新庁舎竣工（8.12） | |
| 1962（S37） | 山一証券横須賀支店開設（4.7） | 公郷根岸区画整理事業起工式 |
| | | 観音崎ホテル完成 |
| | | 立野団地・早稲田団地・鶴が丘団地竣工 |
| 1963（S38） | 市立図書館新築落成式（5.10） | 京浜急行野比駅まで延長開通 |
| | 市役所平坂分庁舎設置（6.15） | 市立武山病院新設 |
| | 横須賀市教育会館落成式（8.16） | |
| | 日本女子衛生短期大学移転（9.1） | |
| 1964（S39） | 神奈川歯科大学開校（4.20）病院開院（5.15） | 栄光学園鎌倉市へ移転 |
| 1965（S40） | 小川町ロータリー撤去工事開始（2.21） | 横須賀百年祭 |
| | 横須賀商工会議所会館落成（4.7） | |
| | 文化会館開館落成式（5.29） | |
| | 社会福祉会館開館（10.16） | |
| | 横浜商銀信用組合横須賀支店開設（12.20） | |
| 1966（S41） | 市議会庁舎落成式（1.12） | 京浜急行津久井浜駅・三浦海岸駅まで延長開通 |
| | ヨコビル開館（2.24） | 横須賀市首都圏近郊整備地帯に指定 |
| | 国立横須賀病院落成式（6.11） | |
| | 日本交通公社横須賀営業所開設（9.10） | |
| | 中央駅前地下通路開通（京急電鉄）（10.27） | |
| 1967（S42） | 横須賀市農協会館落成式（6.22） | |
| | **横須賀中央ビル（S41 ～ S42）** | |
| 1968（S43） | 市役所新庁舎落成式（6.10） | 池田団地竣工 |
| | 横須賀新港埋立起工式（7.13） | |
| 1969（S44） | **あずまビル（西友）（S44 ～ S45）** | 湘南鷹取分譲開始 |
| | | 横須賀市総合開発基本計画決定 |
| | | 大津・馬堀海岸埋立工事竣工 |
| 1970（S45） | 県立青少年会館開館式（3.30） | 横須賀国際観光ホテル閉館 |
| | 横須賀警察署新館完成（3.30） | 市街化区域・市街化調整区域決定 |
| | 中央公園開設（4.1） | 長銀団地竣工 |
| | 市博物館（深田台）開館（10.30） | 浦上台団地竣工 |
| | **中央駅前ビル（S45）** | 横須賀市都市基本構想議決（基本計画・5 か年計画） |
| | | 光風台団地竣工 |
| 1971（S46） | **横須賀中央ビル（増築）（S46 ～ S47）** | 5 か年実施計画発足 |
| | | 市民病院（武山）竣工 |
| | | 開発行為指導要綱施行 |
| | | 京浜汽船　横須賀富津間航路廃止 |
| 1972（S47） | **三浦プラザビル（S47）** | 坂本町地すべり |
| | | 横須賀電気通信研究所開設 |
| 1973（S48） | 三菱銀行横須賀出張所開設（6.11） | 岩戸団地竣工 |
| | 市消防本部庁舎竣工（12.22） | |
| 1974（S49） | 児童図書館開館（7.10） | 阿部倉地区地すべり |
| | 市開発公社公営駐車場開設（8.1） | 七夕台風 |
| | 中央保健所増改築工事完成（9.30） | 観音崎大橋開通式 |
| | **横須賀中央 3 期ビル（S49 ～ S50）** | |
| 1975（S50） | 中央保健所衛生試験所庁舎完成（1.18） | 森崎団地竣工 |
| | | 公郷根岸区画整理事業完工記念式 |
| | | 横須賀新港完工式 |
| | | 県立観音崎公園開設 |
| | | 京浜急行三崎口駅まで延長開通 |
| | | 観音崎京急ニュータウン団地竣工 |

～五三年）、山万による湘南ハイランド（九〇・七ヘクタール、昭和四二～四八年）、日本機械土木による岩戸団地（五六・五ヘクタール、昭和四四～四六年）がある。なお、団地造成事業以外にも、公有水面埋立事業による住宅地造成が行われた。大規模なものとして西武鉄道による大津・馬堀地区（六八・三九ヘクタール、昭和四〇～四四年）があり、このうち四六・三二ヘクタールが住宅用地となった。

また、昭和三〇年以降には土地区画整理事業も多く行われ、合計約二一〇ヘクタールの土地が区画整理によって市街地化された。なかでも大規模なものは、一九六〇（昭和三五）年から一九七五（昭和五〇）年にわたる長期の事業であった公郷根岸土地区画整理事業で、九三・七ヘクタールの住宅地が完成した。一方、民間企業による宅地造成などが盛んになると、市街地の地価が上昇し、郊外の小規模開発が急増するスプロール現象が起きてきた。

また、横須賀市の地勢は、丘陵地が海面に迫り、平地が少ないため、崖崩れや土砂流出などの被害が多く、これはさらに交通障害や小中学校のマンモス化など生活環境の悪化へとつながった。

これらの災害を防止する目的で一九六二（昭和三七）年に「宅地造成規制法」が施行され、既成区域内における宅地造成は、規模によっては市長の許可などが必要となった。しかし、災害防止を目的とする規制法だけでは、大規模な開発の場合は、学校、公園、道路、下水道などの公共施設整備が追いつかず、生活環境の改善に至らなかった。このため住宅地の造成事業に対し、災害防止だけでなく、新しいまちづくりの視点から、必要とされる生活環境の整備を促進し、良好な住宅地を確保することを目的として、一九六四（昭和三九）年「住宅地造成事業に関する法律」が施行された。この法律では、事業計画と工事施工者は許可を受ける他、公共施設管理者の同意や公共施設の用に供する土地の帰属（公園用地などの提供）が定められている。しかし、昭和四〇年代に入ると「いざなぎ景気」と呼ばれた経済成長の勢いにのって、開発ブームもさらに加速された。

表11　昭和30～40年代の主な土地利用に関する国の法律と横須賀市の政策

| 年 | 国の政策 | 横須賀市の政策 |
|---|---|---|
| 1956（S31） | 首都圏整備法 | － |
| 1958（S33） | 首都圏整備法（第1次基本計画） | 横須賀市の区域指定 |
| 1962（S37） | （第1次）全国総合開発計画 | 横須賀市総合開発方針 |
| | 宅地造成規制法 | － |
| 1964（S39） | 住宅地造成事業に関する法律 | － |
| 1968（S43） | 新　都市計画法<br>（市街化区域・市街化調整区域・開発許可） | － |
| 1969（S44） | 地方自治法改正 | 横須賀市総合開発基本計画 |
| | － | 市街地開発指導基準 |
| 1970（S45） | － | 横須賀市基本構想・基本計画 |
| | | 5か年計画（実施計画） |
| 1971（S46） | － | 横須賀市開発行為指導要綱 |

ここにおいて国は、総合的な土地利用計画の確立と実現を目指し、一九六八（昭和四三）年に新しい都市計画法を公布した。この法律は、無秩序な市街化を防止し計画的な市街地を造るため、市街化区域と市街地調整区域に関する都市計画を設け、同時に開発行為の規制を行う開発許可制度を取り入れた。

一方、横須賀市では、一九六七（昭和四二）年の市制施行六〇周年を機に「横須賀市総合開発審議会」が組織され、一九六二（昭和三七）年の「横須賀市総合開発方針」の見直しが行われた。ここでは、「総合開発計画方針」に基づく都市計画が進められた結果、追浜地区などの工業拠点の整備等により、生産型の産業都市への転換が成功していること、港湾計画でも長浦、久里浜港では大型係留施設を完成させ、さらに住宅整備や公共施設整備など、将来の人口規模や都市発展の様相に対応した事業が着々と進められた（表11）。

また国の要請による港湾開発や東京湾環状道路の構想など、客観的情勢の変化があること、市域内においては、人口増加と宅地開発による市街地のスプロール化現象や緑地の減少傾向など、市民生活に大きな影響が出始めていることなどを踏まえ、一九六九（昭和四四）年には「横須賀市総合開発基本計画」（図71）が策定され、市民に公開された。同計画では市の将来人口を五〇万人と想定し、土地利用の用途を定め、その位置を示して開発の指標としている。そして、この土地利用計画を有機的に連絡する網計画として、交通機能や上下水道などの機能強化が位置づけられた。

一九六九（昭和四四）年に地方自治法が改正され、市町村が基本構想を定めることとなったが、横須賀市では「横須賀市総合開発基本計画」に掲げられた都市像が「横須賀市都市基本構想」として市議会で議決され、市の長期的なまちづくりの方針となった。そして一九七〇（昭和四五）年には人口五〇万人を想定した、市域全般の土地利用計画を中心とした総合計画、都市基本構想、基本計画、五か年計画が公表された。

また、横須賀市は一九六九（昭和四四）年五月に「宅地開発指導基準」を定めている。『横須賀市史』が「住宅地造成事業者に対し計画的な造成を求めるとともに、自らの責任分野においてなすべき必要な事業施行の基準と公共施設整備の負担区分を定め、これらの履行を指導しようとするものであり、直接的には、①自治行財政に対する寄与　②良好な居住環境水準の確保をねらいとしている。」と記すように、市域内における都市化の膨張スピードに行政機能が追いつかない状況であった。さらには一九七〇（昭和四五）年六月、市は県からの委任を受けて開発許可事務を開始し、翌七一（昭和四六）年五月には「開発行為指導要綱」を制定した。

この「要綱」は、大都市近郊における市町村が直面した、急激な大規模開発の増加に対して、緊急避難的な処置としてやむを得ずとられた自衛措置であった。つまり法律上は、具体的に自治体に

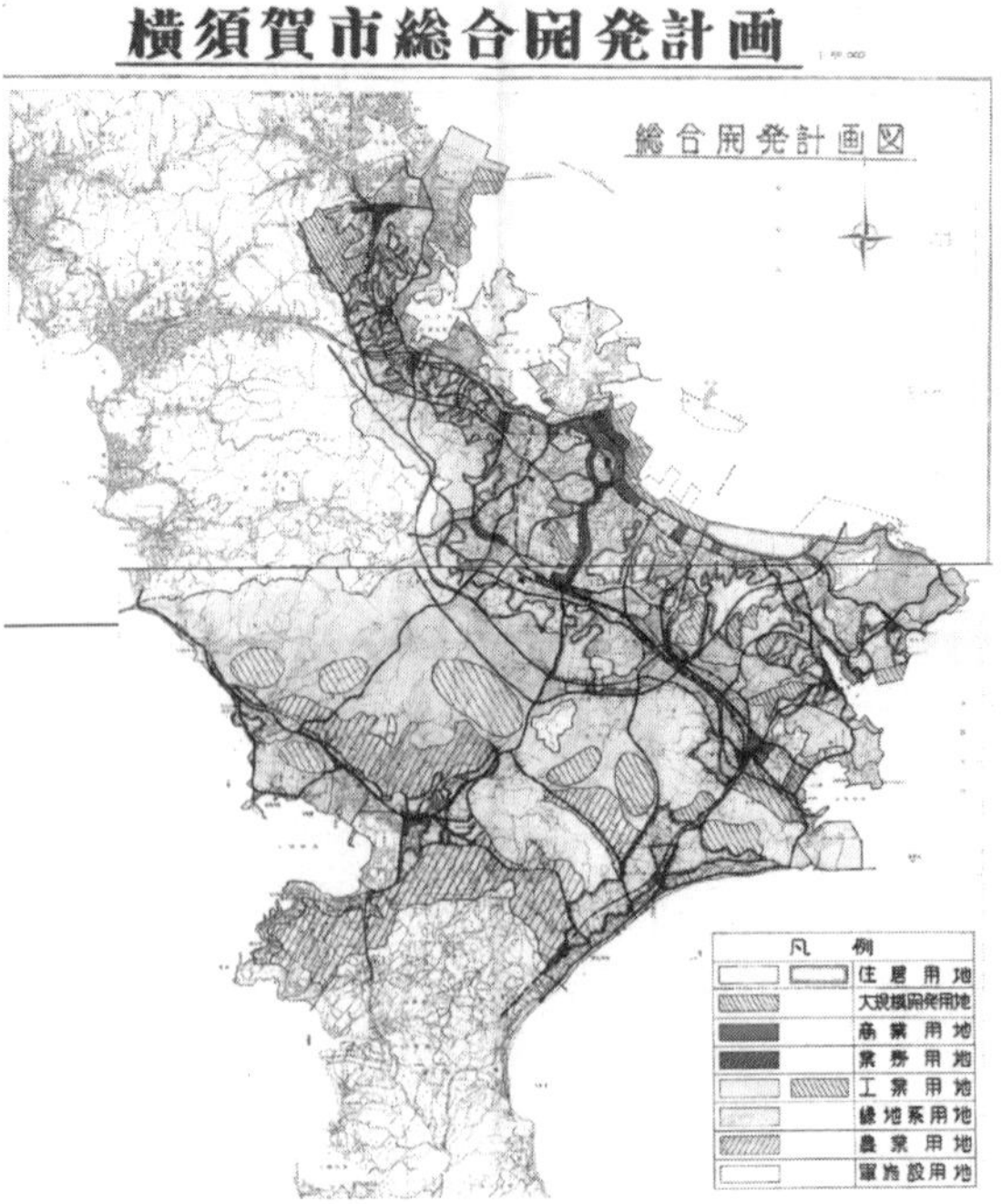

図 71　横須賀市総合開発基本計画（横須賀市、1969 年）

対する寄与を位置付けているわけでないため、各市町村によって、宅造施行者に求める負担金や公共施設用地の提供もバラバラであった。これは開発事業者側からすると、法的根拠の乏しい要求を各自治体が勝手に行っている、という構図になり、各地で紛争が起きる原因となっていった。

図72は、一九六七（昭和四二）年に描かれた宅地開発状況を示す図である。図中、「完成、造成中、計画中」の面積は文字が不鮮明で読めないが、合計一九，四三一，三七六㎡と記載されている。この数字は、当時の市域約一〇〇ヘクタールに対し、約一／五の約二〇ヘクタール近くが宅地として開発されつつあったことを示している。

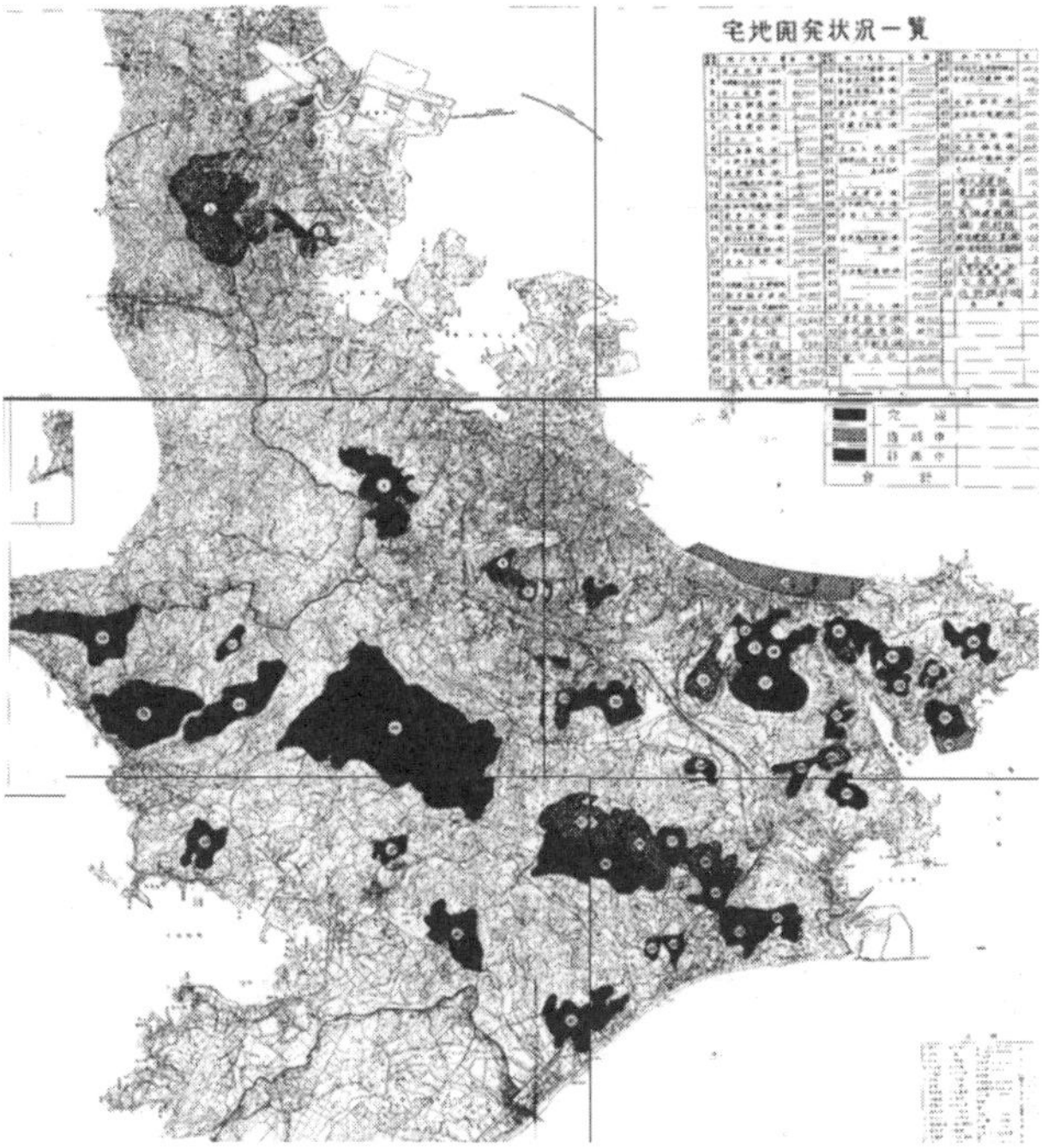

図72　宅地開発状況一覧（横須賀市、1967年）

昭和四〇年代後半になると、急激な宅地造成の影響による災害が現実化する。一九七四（昭和四九）年に起きた阿部倉町での地すべり、さらに同年の「七夕台風」の集中豪雨は大きな被害をもたらした。この災害は平作川周辺開発に対する下流域未整備が原因とされ、宅地開発事業に対する論議に拍車をかけた。さらにこの時期になると、第一次の大規模開発の時点では取り残されていた、斜面地への二次的な小規模開発が進められた。横須賀の地形は丘陵地が多く、その上部を切り取るように大規模開発が行われたため、その周辺に残された斜面地は小規模で「要綱」から逃れられたことから、投機的なミニ開発が進んだ。これにより第一次の開発による周辺住民とのトラブルが多発し、環境破壊に対する開発反対の住民運動が各地で起こるようになった。

一九七三（昭和四八）年のオイルショックを機に、日本経済が停滞化するに合わせ、大規模な開発や宅地造成は下火となったが、投機的なミニ開発による紛争はその後も続いた。一方、「要綱」行政に対する批判も続き、各自治体は「要綱」を「条例化」する措置を採るようになっていく。

昭和三〇年代から始まった日本の経済成長を背景に、横須賀においても急速な宅地開発事業が次々と事業化され、人口が増え続けた。三浦半島地区の中核であった横須賀市の中心市街地では、このような人々が身近に買い物ができる街として、その需要に応えるべき状況にあり、横須賀三笠ビルの完成は、その嚆矢であった。そして昭和四〇年代には、横須賀中央駅を核とする商業施設群の建設が始まることになった。

## 防災建築街区造成法の施行

### 防災建築街区造成法の概要

戦災復興を遂げた日本の各都市が、一九五二（昭和二七）年に制定された「耐火建築促進法」に基づく「防火建築帯」の造成によって都市の不燃化を目指したことは、第四章で示した通りである。しかし防火建築帯は、あくまで戦災復興時の木造建築で構成されていた都市において、大火による延焼の拡大を防ぐために不燃建築物を防火帯として整備することを目的としたものであった。このため、防火帯の裏側には既存の木造建築が取

表12　耐火建築促進法と防災建築街区造成法の比較

| 法令名 | 耐火建築促進法（1952（昭和27）年） | 防災建築街区造成法（1961（昭和36）年） |
|---|---|---|
| 対象エリア | 防火建築帯：<br>防火地域の全部または一部（路線式の防火地域…幅員11mをこえる幹線街路沿い…街線境界線から両側に奥行11m）に、防火建築帯を指定。 | 防災建築街区：<br>防火地域内の防災建築物及びその敷地を整備すべき街区を防災建築街区として指定。 |
| 補助金交付方法 | 地方公共団体が建築主に交付。<br>国は地方公共団体に交付。 | 都道府県又は市町村は、防災建築物の建築を行う者に経費の一部を補助。国はその費用の一部を補助。 |
| 補助対象者 | 建築主 | 防災建築街区造成組合　地方公共団体 |
| 補助対象の範囲 | 耐火建築物と木造の建築物との単位面積当たりの標準建築費の差額。<br>地上3階以上又は高さ11m以上のもの、もしくは増築を予定した構造の2階建て以上のもので、当該耐火建築物の4階以下地下1階以上の部分。 | 防災建築街区造成組合対象：<br>事業計画作成費　建築設計費　地盤調査費　建築物等の移転及び除却費　共同付帯施設整備費<br>地方公共団体対象：<br>街区基本計画作成費 |
| 補助金の割合 | 建築主　1／2<br>国　1／4<br>地方公共団体　1／4 | （防災建築街区造成組合対象費用）<br>防災建築街区造成組合　1／3<br>国　1／3、地方公共団体　1／3<br>（地方公共団体対象費用）<br>国1／3　地方公共団体　1／3（県・市） |
| 施工者 | 建築主による施工 | 組合制度方式の導入<br>防災建築街区造成組合は、防災建築街区の防災建築物を建築する者の共同の利益となる事業を行う。 |
| 下町地区の事例（竣工年） | 三笠ビル（1959（S34）年） | 横須賀中央ビル（1967（S42）年）<br>横須賀中央ビル増築（1972（S47）年）<br>横須賀中央3期ビル（1975（S50）年）<br>中央駅前ビル（1970（S45）年<br>あずまビル（1970（S45）年）<br>三浦プラザビル（1972（S47）年） |

り残されてしまう。横浜市のように「面的」な整備を目指しても、その補助対象が道路から一一mという「線的」な整備の範囲外、つまり街区のより内側には、いわゆる「あんこ」と呼ばれた部分が残された。これに対し、今泉善一を代表とする日本不燃建築研究所は立体的かつ一体的な再開発を目指し、横須賀下町地区の三笠ビルや高岡市の防火建築帯のような先駆的な事業を成し遂げていた。

「こうした状況を打開しようとした記念すべき大会が昭和三六年に大阪で開催された。その際に都市の不燃化のアンケート調査が行われたが、その集計結果について注目すべき卓見が集約されている…その中で特に土地、建物等錯綜する権利関係の調整手法の不足が建物共同化を阻止する最大要因として指摘されている。これなくして表地、裏地を含めた街区単位の都市防災化つまり現在でいうところの都市の再開発は絶対に進められないと指摘されている」と『再開発史』が記すように、一九六〇年代に入ると既に、耐火建築促進法の脆弱部が指摘されるようになった。

そして一九六一（昭和三六）年六月一日、「防災建築街区造成法」が公布施行された。この法律について『再開発史』が「耐火建築促進法による防火建築帯方式の再開発の限界を打破する新しい再開発の理念として「線開発から計画的な街区単位の開発へ」をモットーとして、「都市の不燃化は、同時に土地を合理的に利用し都市環境を整備改善する等、都市機能の更新を面的に図るものでなければならない」という観点から法律は組み立てられている」と記すように、同法は耐火建築促進法に基づく防火建築帯整備に対する不備を補うことを目的としていた（表12）。時代的にも所得倍増政策など高度成長時代が到来しており、一九六〇（昭和三五）年に、不良住宅地の改善策として「住宅地区改良法」が、一九六一（昭和三六）年には公共施設の整備とこれに関連する市街地の改造とを合わせて施行する方策として「市街地改造法（公共施設の整備に関連する市街地の改造に関する法律）」が制定され、「再開発三法」として以後の再開発の事業化を担っていくことになった。

ここで改めて耐火建築促進法の脆弱部とされていた点を整理すると、①防火建築帯という道路に沿った「線的」な整備であり、その背後地や囲まれた内側は、災害に対しても手薄な状態となる。また、街区単位の「面的」な整備でないため、都市全体を見据えた開発に至らない。②日本の都市の土地所有形態は細分化され、権利が重層しており、権利関係を保持しようとすると長屋形式の建築物となる。また、権利者の中に少数でも反対者があると、共同化が成り立たない。③耐火建築促進法成立の時点から問題視されていたが、個人の財産に補助金を充当することはできない。といったことである。

これらの問題点に応じるように、『再開発史』は防災建築街区造成法の特色を次のようにまとめている。

本法の特色　その一：「本法は、市街地の構成単位として街区に着目して街区単位の一体的整備、改善を図ろうという新たな発想」とあるように、防火建築帯が道路沿いの整備を目的としたのに対し、道路に囲まれた街区全体をその対象とすることにしている。

本法の特色　その二…「施工主体に組合制度方式の導入」とあるように、防災建築街区造成組合という「法人格」を持つ、権利者同士による組織づくりを促し、共同化に対する合意形成は、その自主的な活動に依拠させている。つまり、耐火建築促進法による、個別・固有の権利を保持する長屋形式に留まっていた建築物の形態に対し、建築物の共用・共有化による一体的な共同建築物とするために、その権利者同士による組織づくりを促し、その組織によって、共用・共有部位の設計や施設管理を行うようにしたものである。これは、共用・共同化に対する合意形成を権利者という当事者間の組織化によって解決しようとするものである。しかし、この部分は「旧法の場合と全く異なる新しい概念の開発手法の導入ということで立法時に国会審議でも様々議論がなされた」とあるように、素人集団である組合に対する不安感が審議の過程でも論じられた。この点については、「同組合は、防災建築物の建築を促進しようとする組合員の共同の利益となる事業を行なうのみとなっている。」とし、共同の利益とは「共同建築促進のための権利者間の調整、共同設計、共同施行および国庫補助金等の受入れのための諸手続き等についての業務を、同組合は、国及び地方公共団体の適切な監督のもとに着実に行う」と記している。つまり、建築物全体の設計や施工を担うのでなく、自治体の支援のもとに共同施設部分の整備のみを対象とする、というものであり、さらには地方公共団体の支援を必要としている。

本法の特色　その三…耐火建築促進法では、耐火建築物と木造の工事費差額について補助する形態であったが、これは抜本的に改められている。まず、耐火建築促進法の補助と住宅金融公庫の融資制度の適用による同一建築物への重複性や、その対象が個人財産への補助ではないか、という点については、建設費に対する国の助成策としては融資制度のみになった。

一方、『再開発史』が「共同建築物建設促進策としてソフトの費用に対する補助体系の確立の必要性が…本法においてようやく結実された」と記すように、まず補助対象を法人格のある防災建築街区造成組合とし、その補助対象項目は「事業計画作成費」「建築設計費」「地盤調査費」「建築物等の移転及び除却費」および「共同付帯施設整備費」等としている。また、地方公共団体に対しては「街区基本計画作成費」を補助対象とした。

さらに『再開発史』は「共同付帯施設整備費」と「街区基本計画作成費」に注目する。まず前者であるが、すなわち「本来なら法律の建て前は、間接経費に対する補助が大前提であるが、共同化促進の為の「お駄賃」として共有部分の一部工事費であるこれらの諸施設の工事費を補助対象項目に加えたところが本補助体系の大きな特色となっている」と記すように、これは個人財産への直接補助という仕組みを否定しつつ、建築物の共同施設の部位のみを補助対象項目とし、その共同施設の財産を所有する法人格をもつ組合組織に対して補助対象とする、という図式である。次に、後者については「欧米における再開発制度では常識となっていたいわゆる「地区のマスタープラン」的発想ともいえるもので当時としては、類例を見ない画期的な制度の導入であった」と記すように、地方公共団体が描く、対象となる防災建築街区を擁する地区全体の将来像に沿った計画であることを前提とし、「防災建築街区のその都市に占める位置、現況および同周辺の都市計画、各種の都市施設の整備計画等を基礎として、防災建築街区の造成に関する事業計画、防災建築物の配置設計の骨格となるもの」(同右)であり、地方公共団体は、この街区基本計画に従って、計画的に事業を進めることとなった。

このように、一九五二(昭和二七)年に成立した耐火建築促進法は、その脆弱部が見直され、一九六一(昭和三六)年に「防災建築街区造成法」として改正された。その内容を見ると、改めて横須賀三笠ビルの先駆性が浮き彫りにされる。防火建築帯という「線的」整備からの「面的」な街区単位の整備へ、という点については、三笠ビルの場合、その街区を縦断的に貫く公共の街路を共同化したビル内に取り込む計画とし、二階部分の開放は後に失われたものの、中央通路と建物の一体化を実現させた。

次に組合制度方式の導入については三笠ビルの場合、権利者関係の合意形成に苦慮したが、ビルの共同化における合理的メリットなどを共有し、結果として法人格を持つ「三笠ビル商店街協同組合」を発足させ、外壁やアーケードなどの共同化を成し遂げた。

補助制度については旧法によるものであったと考えられるが、耐火建築促進法の脆弱部を見直し、改正された防災建築街区造成法の特色からは、三笠ビルの先進性が改めて認識される。

## 三笠ビル完成後の下町地区

### 三笠ビル建設の影響

三笠ビルが完成した一九五九（昭和三四）年頃は、日本国中が高度経済成長を背景に、都市型生活に向けて動いていた。横須賀市民は、これまで見たことがないような近代的なビルが中心市街地の真ん中に完成したことで、新しい時代の到来を視覚的にも捉えたことだろう。そして三笠ビルの建設を契機として、下町地区の近代的なビル建設が本格化する。一九六五（昭和四〇）年頃の写真（図73）を見ると、大滝町大通りに面しては三笠ビルを除いて木造店舗が建ち並び、中心市街地のビル化は、いまだ未着手であったことがわかる。

三笠ビルの影響は、横須賀防災建築街区造成事業による横須賀下町第四区「あずまビル」建設の代表的な権利者が「当時は三笠ビルができて、センター横須賀（横須賀下町第二区「横須賀中央ビル」）ができて、自分のところが取り残されていくのでないか、という感じ、そして、この場所が下町で一番、売れ行きが伸びない状況になった」（筆者による聞き取り）と語ったことからも、当時の様相を感じることができる。

図73　1965（昭和40）年頃の下町地区：図左の大通り沿いに三笠ビルが見える

下町地区における防災建築街区造成事業

一九六六（昭和四一）年、横須賀市では防災建築街区造成法に基づき、横須賀下町地区の五地区について建設省に申請し、指定された。昭和四一年度の一年間で、横須賀市が行った防災建築街区造成に関する主な動きは、横須賀市の行政資料によると以下の通りである。

・【下町地区防災建築街区指定申請について】〈決裁：昭和四一年八月八日〉
・【防災建築街区造成事業実施計画及び過年度別事業費について】〈発議：昭和四一年九月二〇日〉
・【下町地区防災建築街区指定について】〈発議：昭和四一年一〇月一四日〉
・【昭和四一年度防災街区造成事業の国庫補助費要望額の提出について】〈発議：昭和四一年一一月一四日〉
・【防災建築街区造成に対する県費補助金交付について】〈発議：昭和四二年二月一八日〉
・【昭和四一年度防災建築街区造成事業費補助金交付決定通知について】〈交付決定通知費　昭和四二年三月

表13　昭和41～42年　防災建築街区関連の横須賀市の動き

| 年（昭和） | 月 | 日 | 事務文書宛先 | | 主な内容 | 添付図面（一部） |
|---|---|---|---|---|---|---|
| 41 | 6 | 18 | 報告 | 地元商店連合会より市長あて | 5つの区において、防災建築街区造成事業を行う署名捺印 | |
| | 8 | 8 | 決済 | 県知事及び市長より建設大臣あて | 5つの街区で、防災建築街区造成法に基づく申請 | 申請書（図）<br>施工区域図（図）<br>指定計画図（図） |
| | 9 | 20 | 発議 | 市長より県建築課長あて | 事業費実行予算の回答 | |
| | 10 | 14 | 発議 | 建設大臣より市長あて | 下町地区防災建築街区指定の通知 | 指定書（官報写）（図）<br>位置図（図）<br>区域図（図） |
| | 11 | 14 | 発議 | 市長より県建築部長あて | 事業進捗状況調書提出 | |
| 42 | 2 | 18 | 発議 | 県知事より市長あて | 補助金指令書交付 | |
| | 3 | 24 | 発議 | 建設大臣より県知事経由市長あて | 補助金交付決定通知 | |
| | 4 | 5 | 発議 | 市内部文書 | 地元説明会開催について | |

二四日〉

・【下町地区防災建築街区造成に伴う基本計画説明会開催について】〈説明会開催通知の決済日時：昭和四二年四月一二日　午後一時〉

これらの行政資料から昭和四一～四二年の横須賀市行政の動きをまとめると、表13のようになる。また、この冊子とは別に、「横須賀市防災街区図」（図74）が昭和四一年八月八日の申請書に含まれている。

申請では、街区単位で行う予定になっているエリアが、図74では大通りに面した「線」的なエリアとなっている。また図中には「昭和四〇年度防災街区実施区域」との記載があり、本図が昭和四〇年度以前に描かれたものであることがわかる。この図の対象エリアには、大通り沿いの「線」的整備の様子が残されており、耐火建築促進法から防災建築街区造成法に移る過渡期における市側の状況を示す、貴重な資料である。

昭和四一年度の防災建築街区指定の申請書と付属図面（図75・76）によると、本申請前に県と協議して基本的方針を定めていたこと、また申請する前年度の三月一二日には、建設省から国庫補助金の内定通知を受けていたことがわかる。これらの図からも、横須賀市では、昭和三四年度に完成した耐火建築促進法による三笠ビルに続く事業として捉えていたため、申請前の時点では大通りに面する「線的」なエリアを対象としていた様子がうかがえる。この図には示されていないが、申請書には最終的に、防災建築街区指定エリアとなっていない三笠ビルと駅前ビルとの間の街区や、さいか屋や三笠ビルより北側のエリアなども、将来計画として指定を考えていた図も含まれていた。指定されなかった街区は、地元権利者間の合意形成が出来なかったか、あるいは補助金に頼らない自力建て替えを目指したのか、詳細は不明である。いずれにしても神奈川県との協議を進める中で、防災建築街区造成法では「面的」なエリアとして街区単位を対象とするような指導が行われ、最終的には図77に見るような「防災建築街区」が実現したと想像される。

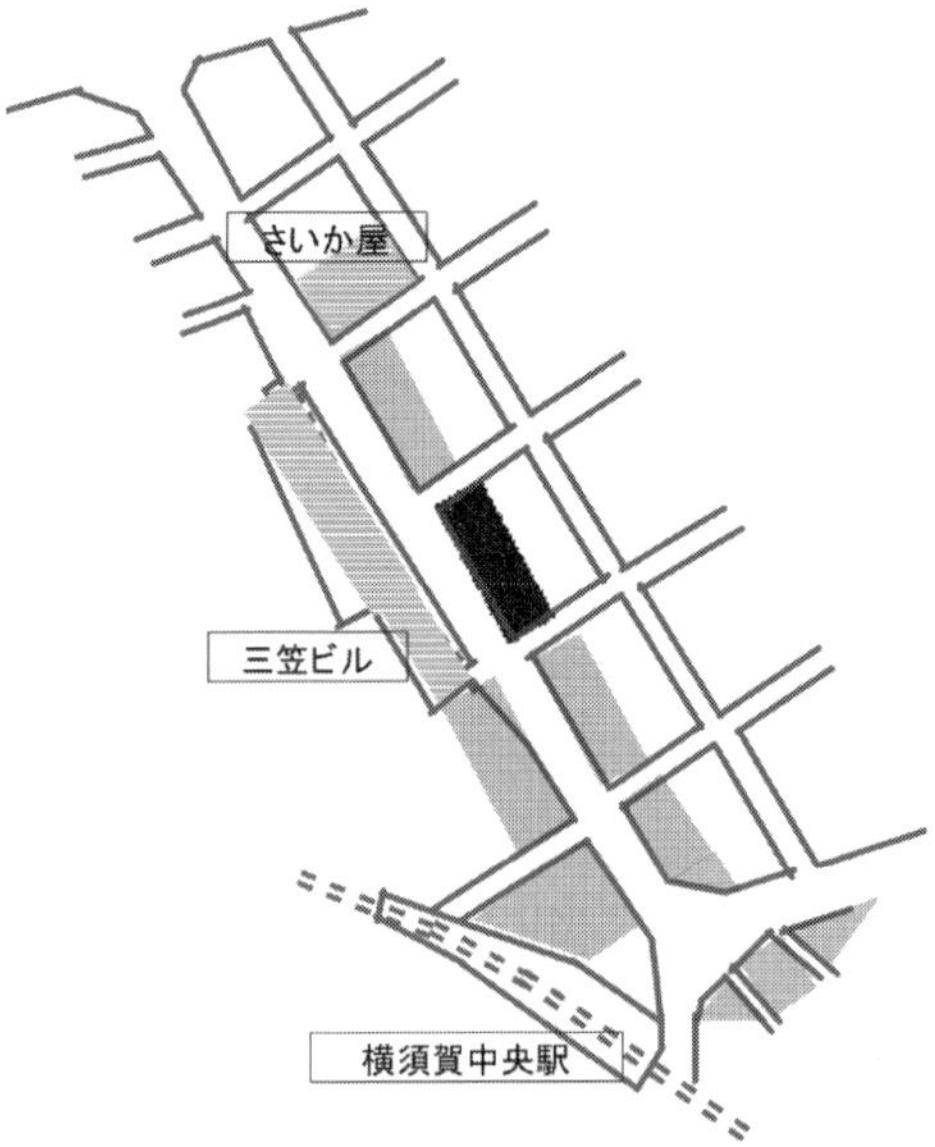


図 74　横須賀市防災街区図（昭和 41 年、申請書添付の原図よりトレス）

申請書には申請の理由として、当該地区には戦災を受けなかった木造家屋が多くあること、本地域周辺における都市化が進んでいること、総合的都市再開発の必要があることが記載されている。申請書には本事業に伴う予算説明書が添付されており、防災建築街区造成法が一九六一（昭和三六）年に施行され、本申請を行う四一年度までの五カ年間に、下町地区の商店街で事業化に向けた議論を行い、決議されたことが記載されている。その第一期工事として、第二区に「地下二階地上六階、延べ面積五六六三㎡の耐火建築物の実施を決定した」と記載されており、これが横須賀市における防災建築街区造成事業の第一号として決まっていたことがわかる。

図76は建設省より指示された、横須賀下町地区における防災建築街区の指定内容を示す。こうして防災建築街区造成法が施行された五年後の一九六六（昭和四一）年に、下町地区では計五地区の防災建築街区が指定された。なお、この第一区から第五区の指定の番号に、どのような意味があったかはわからない。なぜ横須賀中央駅の近くから順に番号が振られなかったのか、また、なぜその指定が事業化の時系列順に並んでいないのかは不明である。事業化の順序は、第二区が最初であった（図77）。次に第三区の一部と第四区、第二区の二期（図78）が続き、そして第二区の三期が行われた。また第一区では最終的に事業自体が行われなかった。駅に最も近い第五区については、そのビル化が防災建築街区事業として施行されたのか否か、明らかではない。

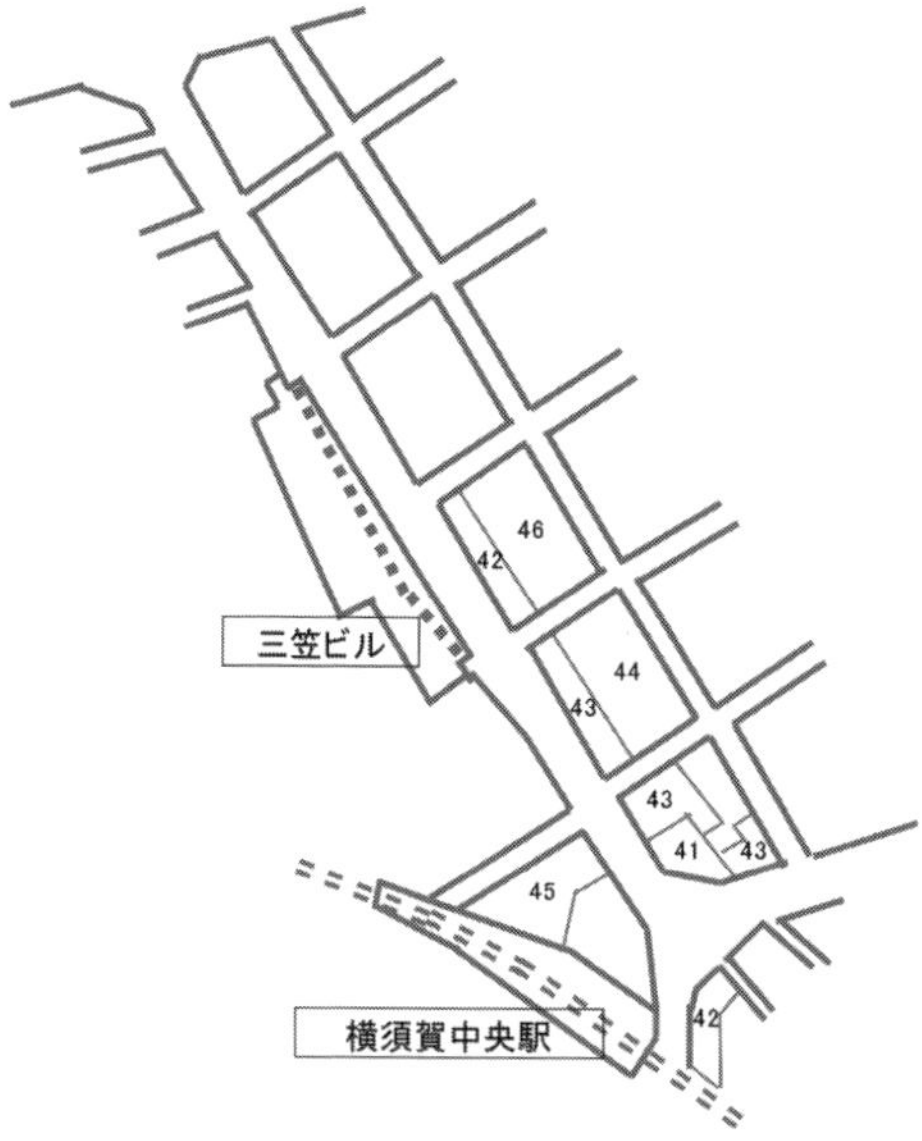


図 75　横須賀市防災建築街区 年度別施工区域図（昭和 41 年、原図よりトレス）

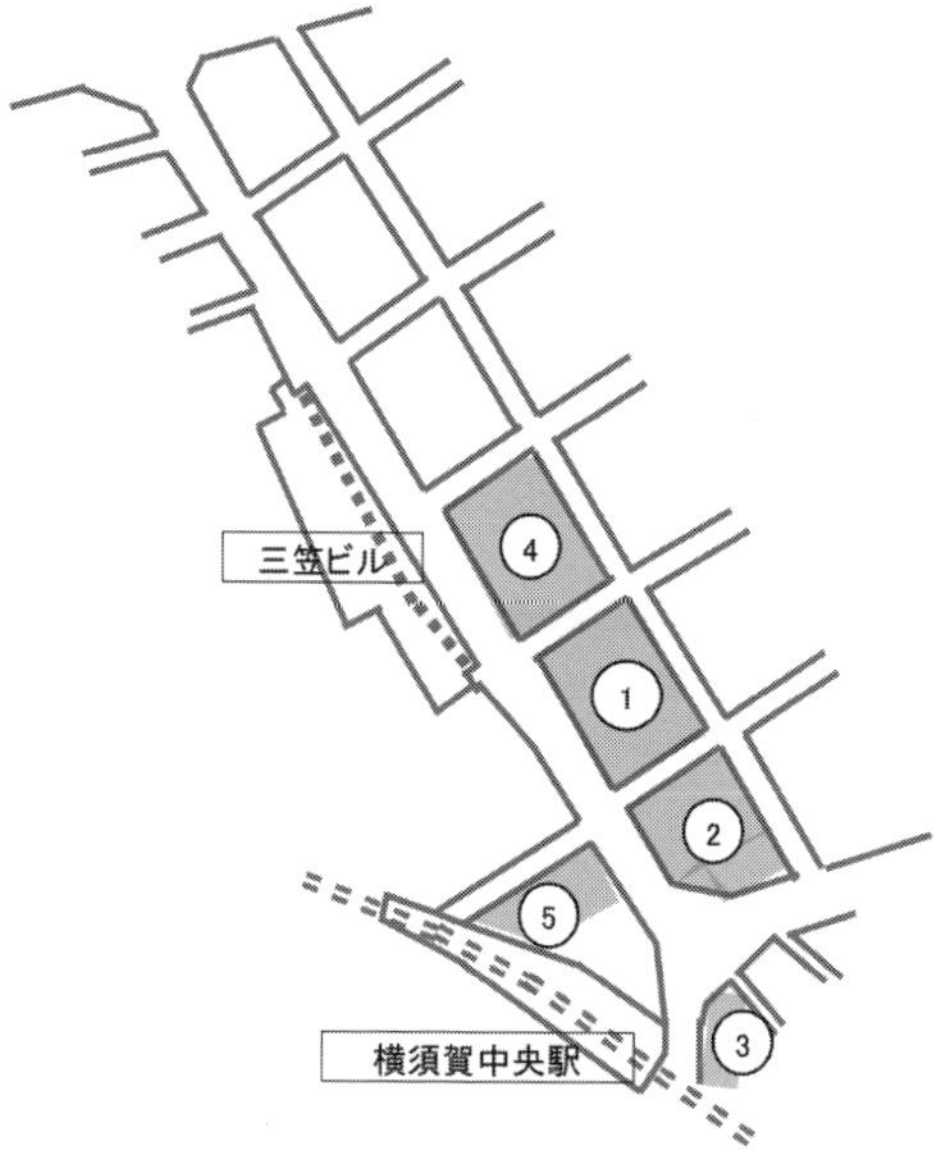


図 76　横須賀市防災建築街区 区域図（昭和 41 年、原図よりトレス）

防災建築街区の指定を受け、横須賀市では補助金交付の手続きを行っている。補助金は防災建築街区造成法に基づき、市が業務を執行する「街区基本計画」及び「街区整備計画」について、国及び県から市に交付された。また、防災建築街区造成組合が業務を執行する「街区整備」及び「仮設店舗等設置」については、国と県が市に補助金を交付し、市がまとめて組合に補助金を交付する仕組みである。昭和四一年度の補助金の流れを表14にまとめた。金額は計画段階のものを参考にしたので、事業終了後には変更された可能性がある。

防災建築街区造成法は、かつて耐火建築促進法で問題視されていた点を補うようにつくられた。このため、直接的事業費である街区整備費と仮設店舗等整備費は、国や県から交付された市が防災建築街区造成組合に補助する、間接補助の仕組みをとる。また、地域のマスタープランでもある「街区基本計画作成費」と「街区整備計画作成費」は、市が直接事業執行する。つまり防災建築街区造成法とは、耐火建築促進法の主旨である都市防災的な視点を保持しつつ、地域のマスタープランに基づいたまちづくりを推進するための法律へと姿を変えたものであった。

図77　防災建築街区第２区 第１期工事（図中左）及び第３区（右）1970年頃の横須賀中央駅前

図78　防災建築街区第２区第２期工事（緑屋入店後、1972年頃）

表 14　昭和 41 年度　横須賀市防災建築街区補助金の流れ

数字金額単位：千円

■街区基本計画作成費

補助事業要する経費（A）＝1,050

国・県より市へ補助金交付

| 市の予算 | | |
|---|---|---|
| 国 → 国費 | A×1／3 | 350 |
| 県 → 県費 | A×1／3 | 350 |
| 市単費 | A×1／3 | 350 |
| 地方公共団体が業務執行 | | 1.050 |

■街区整備計画作成費

補助事業要する経費（A）＝519

国・県より市へ補助金交付

| 市の予算 | | |
|---|---|---|
| 国 → 国費 | A×1／3 | 173 |
| 県 → 県費 | A×1／3 | 173 |
| 市単費 | A×1／3 | 173 |
| 地方公共団体が業務を執行 | | 519 |

■街区整備費

補助事業要する経費（A）＝20,277

国・県より市へ補助金交付

| 市の予算 | | |
|---|---|---|
| 国 → 国費 | A×1／3 | 6.759 |
| 県 → 県費 | A×1／3×1／2 | 3.379 |
| 市単費 | 約　A×1／6 | 3.382 |
| 地方公共団体が差額を補填 | | ###### |

市より組合へ補助金交付

→

| 防災建築街区造成組合予算 | | |
|---|---|---|
| 市費 | 約　A×2／3 | 13.520 |
| 組合単費 | 約　A×1／3 | 6.757 |
| 組合が業務を執行 | | 20.277 |

■仮設店舗等設置費

補助事業要する経費（A）＝1032

国・県より市へ補助金交付

| 市の予算 | | |
|---|---|---|
| 国 → 国費 | A×2／3×1／2 | 344 |
| 県 → 県費 | A×1／3×1／2 | 172 |
| 市単費 | A×1／3×1／2 | 172 |
| 地方公共団体が差額を補填 | | 688 |

市より組合へ補助金交付

→

| 防災建築街区造成組合予算 | | |
|---|---|---|
| 市費 | A×2／3 | 688 |
| 組合単費 | A×1／3 | 344 |
| 組合が業務を執行 | | 1032 |

街区整備費及び仮設店舗等設置費は地方公共団体が補助する1／2、または補助事業に要する経費の1／3のうち低い方

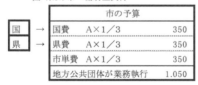

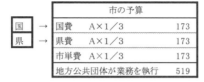

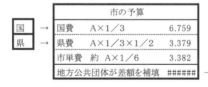

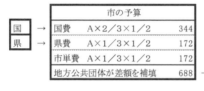

## あずまビル（横須賀市防災建築街区第四区）の建設

### あずまビル建設に至る経緯

一九五九（昭和三四）年以降、およそ一五年間で横須賀下町地区の商業施設のビル化が進み、街の基本的な形態は、ほとんど現在にまで継続されている。つまり、下町地区の都市景観の骨格はこの時期に定まり、今日に至るまで変わっていない。

「あずまビル」ができる前の下町地区の商業施設のビル化の状況としては、一九五三（昭和二八）年一〇月に「さいか屋」が改修され、本格的な百貨店店舗が完成した。一九五九（昭和三四）年九月には京浜急行横須賀中央駅が駅ビル化し、京浜百貨店が開設される。続いて耐火建築促進法の適用を受けた三笠ビルが一九五九（昭和三四）年一一月にオープンする。そして防災建築街区造成法の適用により、横須賀第二区（横須賀中央ビル）の第一期が、一九六七（昭和四二）年七月に「センターヨコスカ」として開店した（図77）。

このような状況の中で、あずまビル建設の当事者であった島田一志氏が横須賀青年会議所の講演（一九七二（昭和四七）年一〇月）で「下町の孤児、あずま通り」と題し、「私共商店街十余軒（図79）は、左に「さいか屋」、前に「三笠ビル」、右に「センターヨコスカ」「丸井」に囲まれた「下町の孤児」とも言うべき最も弱い商店のグループで、…昭和四十二年九月の資料ですが、下町地区の売上比率（図80）です」と述べたように、当時の商業者たちには、周囲のビル化が強く意識されていたことが読み取れる。

そして、「このように商店街としても力のない各店が、個々に店舗を新しくしても…この際、お互いに協力し、魅力あるショッピングセンターを作ろうということになり、表通りに面する私共、十人の只今の権利者が

図 79　防災建築街区建設以前のあずま通り商店街（1960 年頃）

相助け合い努力し」（同右）、商店の共同ビル化に向けて活動を開始した。しかし共同ビル建築の直接的なきっかけは、大滝町大通りを挟んで正面に位置する三笠ビルの盛況ぶりであった。三笠ビル完成の翌年、あずま通り商店街のメンバーは一九六〇（昭和三五）年より、他都市の視察などの勉強会を行うようになる。

当初は、大通り側に面する商業者一〇名による共同化が考えられていた。これは横須賀市行政資料の中にあるように、防災建築街区造成法による指定地区として検討されていた（図76中の④）。その後、島田氏の知り合いを通じて紹介された設計事務所から、西友が出店を考えたいとの意向が伝えられ、裏通りを挟んだ現在の街区単位で検討することになった。当時の行政側の意向としても、耐火建築促進法が防災建築街区造成法となり、対象エリアを

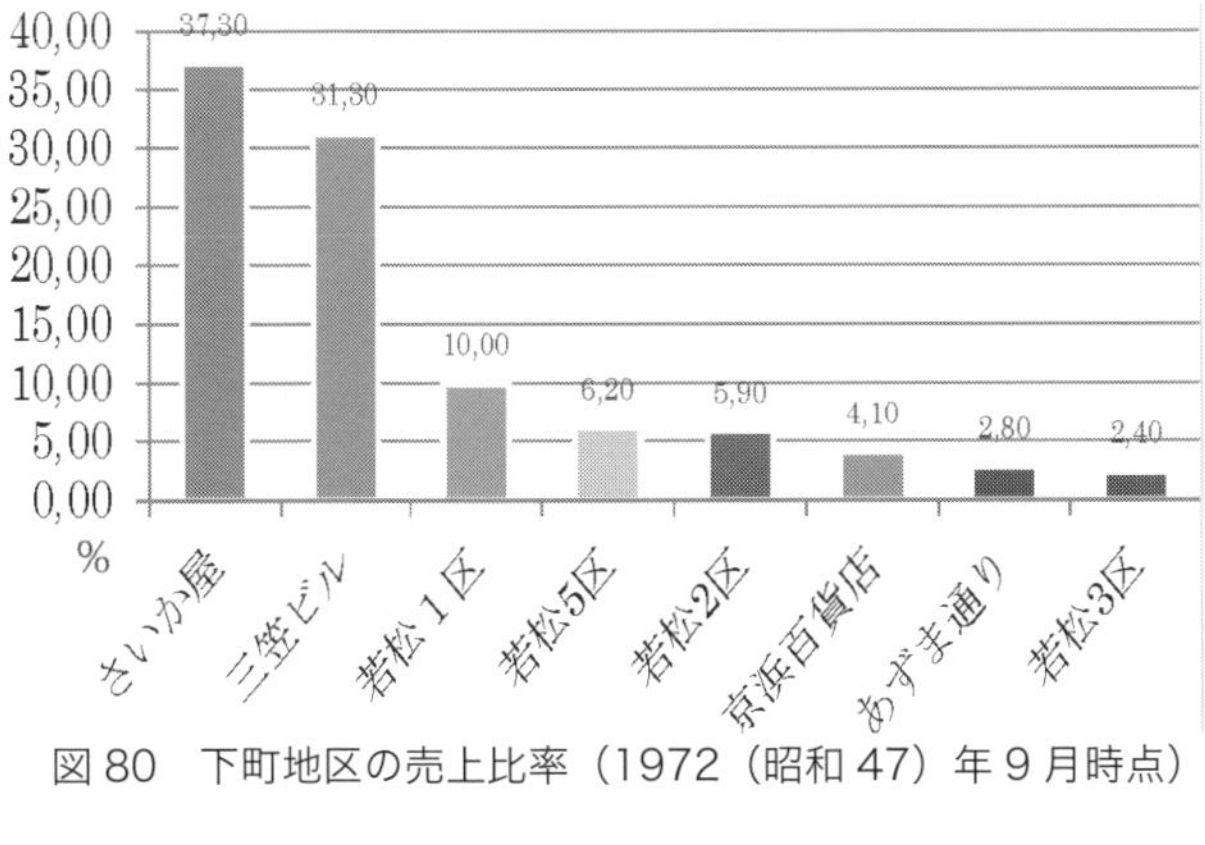


図 80　下町地区の売上比率（1972（昭和 47）年 9 月時点）

「線的」から「面的」な街区単位にする方向性があった。
島田氏から筆者（亀井）が直接伺った話では、大通り側の権利者のほとんどが事業化に賛成だったが、エリアを広げることで合意形成が難しくなり、結局、権利を手離して出ていく者、エリアから外れる者、なんとか説得した者などと協議を行い、事業化に至るまでは様々な苦労があったという。

### あずまビルの特徴

一九七〇（昭和四五）年、旧あずま通り商店街を含む一街区全体を使って建設された「あずまビル」（ジャンボスクエア　ヨコスカ）がオープンする。一階平面図を見ると、大通り側では従前の店舗が当初の並びを保持しつつ、背後の部分とは全く違った柱スパンで配置されている（図81）。また店舗の裏側にあった道路はビル内の自由通路として取り込まれ、その機能が保持されている。その他の大部分は北側を除いて、ほぼ均等な柱割りで計画され、一体化されたビルとなった。

再開発を行う場合、現在においても、従前権利者の土地に対する権利意識が強く、個人財産の土地が共有化されることには抵抗があり、事業が難航することが多い。あずまビルでは、大通りに面する従前権利者の所有する土地については、大通りに面するという特権を残しつつ元の土地面積に応じて建物の床を配分し、ほぼ従前通りの商店経営が継続された。この部分については、三笠ビルなどに見られる、耐火建築促進法による長屋形式を継承している。

あずまビルは「五ビル」とも呼ばれ、この大通り側の部分と等間隔の柱スパンの部分を合わせて、「あずまビル」「寿ビル」ほか三つの、合計五つの「ビル」からなる「かたまり」で構成されていた。そして、大通り側の従前からの権利者が営む一，二階の店舗部分を除き、西友が各ビルの所有者から三階以上のフロアを賃貸するという形が採られた。従前からあった裏通りは幅四mに拡幅されつつ、五つのビルの共有部として管理され、地下一階から地上五階までの各階に配されていた。このため、この通路部の柱の通り芯（Y軸）は、従前の道路形状に合わせて折れ曲がっている。なお、この共有通路の部分は、これに面する店舗の看板は占用しても良いことなどが決められていた。三笠ビルの場合、建物内を縦断する中央通路は従前から横須賀市の市道であったが、あずまビルの中を横切る通路の元となった裏通りは、市有地（公道）ではなく民地であり、またその幅も人一人が通れるくらいの広さでしかなかった。この道路をビル内に取り込むにあたって、従前の土地所有者の合意を得て、ビル内の通路幅四メートルを確保したのである。

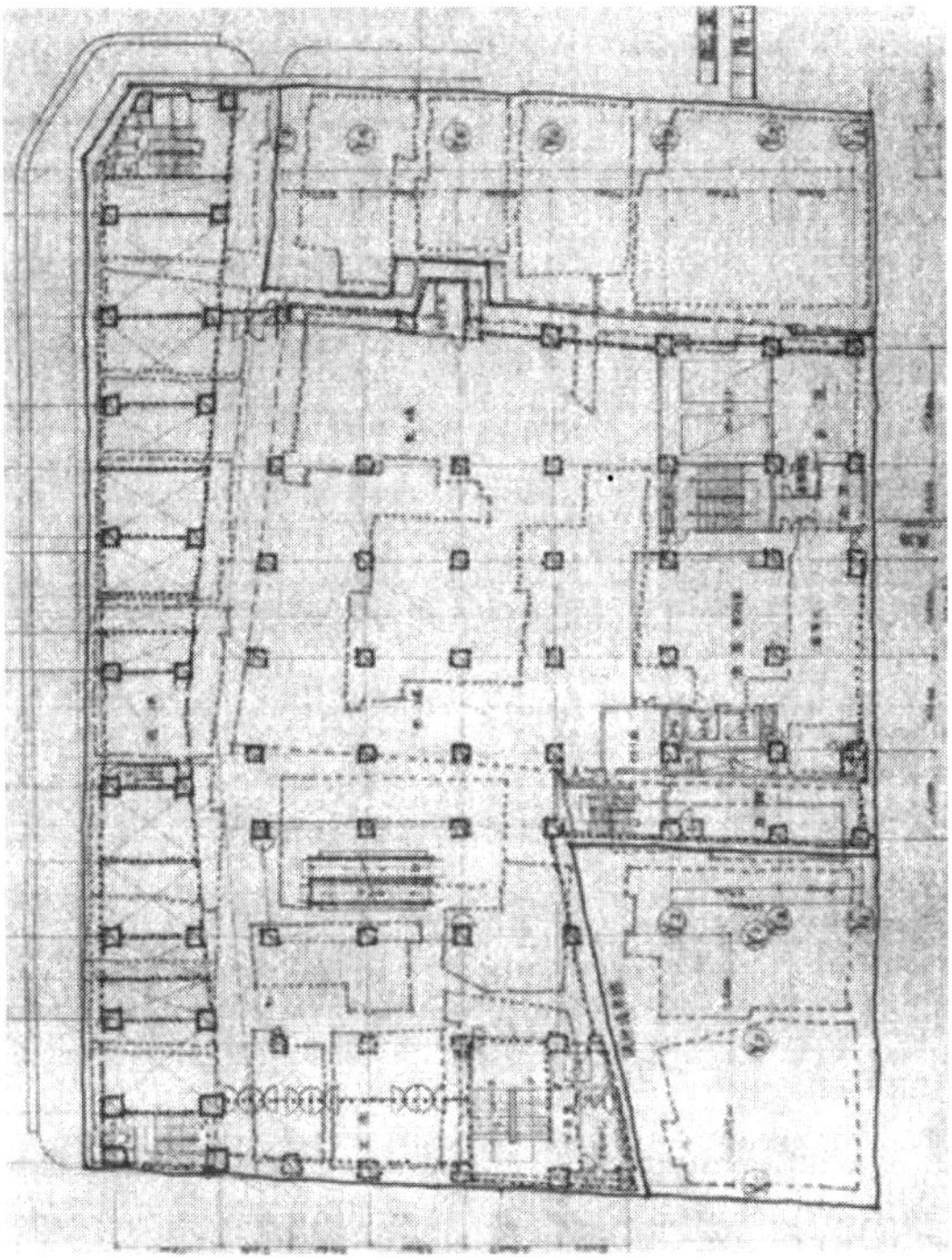

図81　あずまビル建設以前の既存建物配置図とビル平面図との重ね合わせ図

一九六二（昭和三七）年には区分所有法が施行されたが、あずまビル（五ビル）では、建物に対する敷地を一つに設定し、建物の専有床面積に応じて区分所有するという形態には至っていない。あずまビル平面図をよく見ると、図82に示すように、従前の敷地割に合わせて柱配置が決定され、裏通りを起源とする共有通路と五つの区画（ビル）の、合わせて六つの部分として土地が区分されていたことがわかる（島田氏より筆者聞き取り）。

結果として、あずまビルは、これだけの面積をもつ大規模商業施設でありながらも、大通り側に面して正面玄関をもたないという変則的なプランになった。これは、従前からの大通り側の商業者の権利を保持したためであり、建物の両側面には、従前の裏通りを継承した共用通路に繋がる出入り口が設けられた。

あずまビルの核となったのは、大型百貨店（スーパー）の事業展開を始めた西友であった。前項で述べたように、この時期の横須賀市は大規模な開発事業が多く、西武鉄道による宅地造成や埋め立て事業などが進められていた。このため、西武の関連会社の西友が横須賀の中心部に出店を望むのは、当然の成り行きであった。

あずまビルの特徴として第一に、当時としては珍しかった専門店とスーパーの協同型商業施設であることが挙げられる。島田（一九七二）が「専門店と大手スーパーの協同化の件です。…私共の話しが具体化してきたときはまだ少なく、相手が大型店ですので「軒下貸して表屋とられる」の如くではなかろうかと中々慎重でした」と語るように、一般的には地元の商店主たちにとって大型百貨店の進出は脅威であり、これと協同するためには大きな決断が必要であったと考えられる。このような協同型の大規模商業施設は全国でも例が少なく、横須賀でも初めての試みであった。

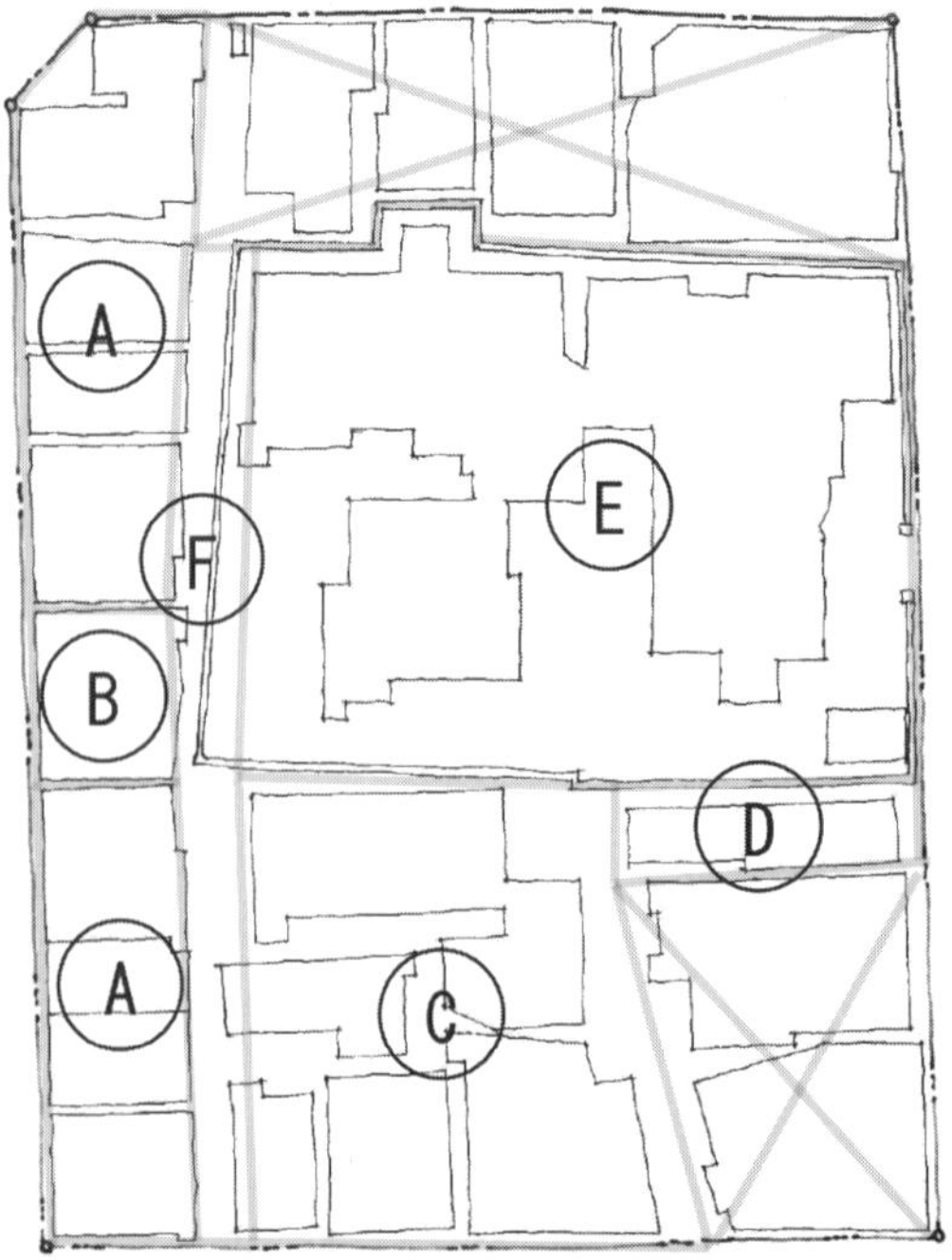


図 82　あずまビル：５つの区分部（A～E）と共有部（F）（ビル建設以前の配置図上に記入）

第二の特徴として、駅に近い商業施設であるにもかかわらず、屋上駐車場を設置したことが挙げられる。これは、人々の生活が近代化され、冷蔵庫もあり、週末に家族一緒で自家用車で出

図 83　あずまビル完成直前の姿・大通り側より見る（1970（昭和 45）年頃）

かけて、スーパーで一週間分の買い物をするという生活スタイルが一般化してきたことに呼応したものであった。そして、この頃から横須賀にも、車での来店を前提としたファミリーレストランが建設されるようになった。

あずまビル建設にあたって複雑な権利関係を調整したのは、西友の再開発担当と建物の設計施工を行った大成建設であった。前面に建つ三笠ビルが、水平連続窓や化粧庇、ニッチを備えた、モダンで装飾的な外壁をもつのに対し、あずまビルの外観はカーテンウォールによるシンプルな外観（図83）となっている。大通りに面する一階部分はアーケードによって分断されるが、二階以上の外観は事務所建築とも見分けがつかないほどに個性をなくしたデザインであり、当時最先端の意匠であった。

このあずまビル建設事業は、一〇年前の三笠ビルに続く成功を収めた。そして「最近ではビルの高層化が目立ち、中央駅前の柏屋、三浦ビルの七階、横信の九階、緑屋の増築と六階までの使用…」（島田、一九七二）と、その後の横須賀下町地区における商業施設のビル化を促す、大きな布石となった。しかし、この試みの成功には、当時の右肩上がりの社会

図84　向かい合う三笠ビル（左）とあずまビル（右）（1972（昭和47）年頃）

経済状況や大規模開発事業による人口増など、都市横須賀の膨張が背景にあった。

## あずまビル建設後の横須賀下町

一九七〇（昭和四五）年に開店した、あずまビル（ジャンボスクエア　ヨコスカ）は大盛況であった。昭和四〇年代の横須賀下町地区では、あずまビルを含め、防災建築街区造成法の適用により、大滝町大通りに面して次々と商業ビルがオープンしていった（図84）。『大滝町会創立五十周年記念誌』によれば「横須賀市内随一の繁華街は大滝町と若松町で構成している下町商店街で、四七年度の小売販売額は二五一・三億円である。この販売額は県内では横浜駅西口、川崎駅前、伊勢佐木町一〜二丁目についで四位にランクされる。下町繁華街は横須賀市においてのみでなく、県内においても代表的な繁華街の地位を占めているのである」という状況であった。

さらに、一九七五（昭和五〇）年五月には若松町に、丸井横須賀店をキーテナントとする横須賀中央合同ビルが建設された。これまでの土蔵造りの有名老舗も一つのビルに収まった、といわれたように、補助金に頼らずとも、商店主たちが自前で共同ビルの建設ができるようになったのである。

こうして横須賀下町地区は、三浦半島の中核的な商業地域として位置づけられるようになった。その後、下町地区の街なみは、二〇一五（平成二七）年の大滝町二丁目地区の再開発事業（あずまビル跡地の開発）まで大きな変化は見られない。都市景観的な整備としては、昭和六〇年に横須賀市が制定した「横須賀中心市街地整備計画」に基づく、道路整備や電線地中化事業が行われている。なお、この新しい再開発ビルの一階部分にも、あずまビルのように、かつての裏通りに端を発する共用通路が継承されている。

昭和三〇年代から四〇年代の日本の高度経済成長によって、都市への人口増加と都市生活の近代化が急速に進むことになった。各都市では、これに応じた都市機能が求められ、中心市街地では、高度化や共同化によるまちづくりが進められた。都市の不燃化を目的に制定された「耐火建築促進法」は時代的な流れを背景に「防災建築街区造成法」に進化し、その使命は防火建築帯の整備から街区単位のまちづくりに変わっていた。昭和三〇～四〇年代の横須賀中心市街地の法的な誘導策による商業ビルの建設は、その経過を如実に物語っている。昭和三〇年代から進められた法的誘導による横須賀中心市街地の近代的な都市整備は、昭和五〇年代になると法的な支援や誘導から促進し、民間事業として成立するようになっていった。

第七章

# 軍港都市 横須賀のまちづくり

横須賀下町の「これまで」と「これから」

本書はまず始めに、明治期以降における横須賀下町地区の形成過程を概観した。大滝町を中心とする下町地区は、数度にわたる海面の埋立てによって建設されてきたこと、また明治、大正期には度重なる大火に見舞われ、大きな被害を被ってきたこと、さらに関東大震災の復興事業における軍主導の都市整備によって、今日の都市空間の骨格が形づくられたことを挙げた。また従来の旧道は震災後の新街区の内部に継承され、今日も存続していることを確認した。

幕末に着工された横須賀製鉄所は、明治期には横須賀海軍工廠となって日本海軍の中枢を担った。横須賀の中心市街地は軍港を中心とした観光地として賑わったが、町はずれの下町地区は軍人や工廠従業員が遊ぶ繁華街・遊興地であった。狭い道路に並ぶ飲食店は板葺の木造家屋が多かったため、火事となると被害も甚大であり、その経験談は後の防火建築帯の整備につながっていった。また明治期と現代の地図を重ね合わせて、明治期に整備された道路と街区が、後の下町地区の都市組織の原型となったことを検証した。

横須賀における関東大震災（一九二三（大正一二）年）からの復興は、海軍の影響の下に組織された「横須賀市復興會」を中心として進められた。震災直後の下町地区では海軍の関与によって、道路整備が強引なかたちで整備された。大きく拡幅されたこれらの道路は建設当初、市民からは広すぎると非難されたものの、その後のモータリゼーションに対応し得たものであった。一方、区画整理法が適用されなかったため、旧道路の形状が市街地区画内に路地として残存することとなった。こうした路地空間の一部は、昭和期の防火建築帯「三笠ビル」を縦断に貫く道路や、防災建築街区「あずまビル」内の共用通路として残されている。

軍港都市横須賀の経済は、ワシントン条約に基づく軍縮によって縮小したものの、その後は軍需拡大によって再び活性化し、市域も拡張、現在の逗子市を含めた大軍港都市が誕生した。一九三〇（昭和五）年には湘南電気鉄道の「横須賀中央駅」が誕生し、下町地区は横須賀の中心市街地としての位置を確かなものとした。太平洋戦争後、本格的な空襲が無く、都市基盤も無傷なままに残された横須賀は、いち早く復興を遂げた。旧日本海軍鎮守府はそのまま米海軍基地の用地となり、横須賀海軍工廠を転用したSRF（米海軍艦船修理廠）が創設された。横須賀の街の盛衰は、日・米海軍の違いはあるものの、軍港都市を支配する軍の動向に左右されるという基本姿勢は変わらなかった。この早期の戦後復興は市街地の活性化を促し、その後の耐火建築促進法、防災建築街区造成法の適用による商業ビル建設のエネルギー源となった。

次に、耐火建築促進法や防災建築街区造成法が成立する経緯や日本各地の防火建築帯について、その特徴をまとめると共に、これら二つの法律を適用して横須賀下町地区で実現した「三笠ビル」と「あずまビル」の二事例に注目し、その建設の背景と建築的特徴を明らかにした。

戦災復興後の日本の各都市には、「都市の不燃化」という共通の命題があった。日本建築学会を中心に都市不燃化運動が展開される中、（社）都市不燃化同盟が創立され、一九五二（昭和二七）年には耐火建築促進法が制定された。同法律によって都市防災を目的に整備された市街地は、全国五三都市に及んだ。これらは延焼防止のため、鉄筋コンクリート造の建物が主要道路に面して細長く伸びる、「防火建築帯」と呼ばれる特徴ある街なみを形成した。

耐火建築促進法の制定には、村井進をはじめとする建設省官僚の活動があった。鳥取市、沼津市、横浜市にて建設された事例の検証より、防火建築帯は市街地の延焼防止から、まちづくりのアイテムという認識に変化したこと、また建築構造的にも利用方法においても建築物の共同化の必要性が高まったこと、さらには沿道型の「線的」整備から街区単位の「面的」整備へとシフトしていった経過を指摘した。また全国一〇都市の防火建築帯建設に携わった今泉善一の設計思想に触れ、三笠ビルの計画に繋がる背景を示した。

耐火建築促進法による防火建築帯の整備を目指す横須賀市では、三笠銀座商店街により「三笠ビル商店街協同組合」が組織され、外装や諸設備などを共同施設とする合意が成り立ち、今泉が代表を務める日本不燃建築研究所の設計によって、一九五九（昭和三四）年に「三笠ビル」が竣工した。各戸が従前の敷地割を保持する長屋形式であるものの、震災復興で残された公道を建物内の中央通路として取り込み、その上に建物と一体化した鉄筋コンクリート造のアーケードを設置し、各種設備の共同化を実現した、先駆的な実例となった。大通り側の長さ一八〇ｍに及ぶ統一されたファサードには、モダニズム建築の影響が色濃く見られる。

防災建築街区造成法（一九六一（昭和三六）年）は、耐火建築促進法の進化形であった。日本の高度成長は、横須賀中心市街地の都市化に拍車をかけ、三笠ビルの完成も追い風となり、一九六六（昭和四一）年九月には下町地区の五街区を対象に、防災建築街区の建設大臣指定が行われた。第四区で実現した「あずまビル」では、大通り側の店舗が従前の敷地割に応じた持ち分を保持すること、震災復興で残された共用通路を完全にビル内に取り込んで共用部としたこと、さらに六つの区分所有が複雑にからみつつも一棟の近代的ビルとして実現したことを明らかにした。「三笠ビル」と「あずまビル」の二事例に共通して見られる、従前からの敷地割の継承と、道路空間の建物内への取り込みと存続は、下町地区の都市形成過程を物語る生き証人となっている。

都市防災を目的として成立した耐火建築促進法は、まちづくりを目的とした防災建築街区造成法、さらに後の再開発法へと進化していった。横須賀下町地区では時代の流れに応じて、防火建築帯と防災建築街区の事業が呼び水となって近代的なまちづくりが進み、今日見るような都市景観が形成されていった。当時形づくられた街なみの骨格は、現在に至るまで変わっていない。

## 都市防災と都市再開発

防火建築帯による市街地整備の当初目的は都市の不燃化であったが、先駆的な都市では法的整備に伴い、都市の景観形成を誘導し近代的なまちづくりが進められた。しかし高度成長期を迎えた日本の各都市は、民間資本によるビル建設事業が一般化する一方で、公的支援では何らかの形で伴われていた都市景観へのコントロールを失うに至る。その後、いくつかの都市で都市デザイン的な活動が見られたものの、ほとんどの都市において、こうした状況からの脱却に至っていない。都市防災の要点も、鉄筋コンクリート造や鉄骨造の現代建築がつくる今日の都市では、耐火建築の普及は一段落し、集中豪雨による都市型水害や斜面地の崩壊対策、震災対策が主務となっている。

一方で現在の再開発法は、土地の高度利用を活用した投機的な目的で利用されつつある。下町地区では二〇一六（平成二八）年に、あずまビル跡地で「大滝町二丁目地区第一種市街地再開発事業」による超高層建築（高さ一四三．四八m、三八階建）が完成した。この建物では五階以上が住宅部分となっているが、権利者自身が居住している割合が低く、米海軍関係者に賃貸している住居が多い。これは、まちづくりを目的とした再開発法が、投機的な手段に利用されていることを意味する。

日本の都市は今後、人口減少型の社会に対応した都心居住の方向性を見極める時期にある。再開発法など、まちづくりを誘導する都市計画関連法については、これに見合う形への変更が求められる。例えば高層化を促進する容積緩和のボーナスではなく余剰容積分を補助対象とすることで低層の再開発を誘導する、建築敷地を一つとするのでなく従前権利を保つ長屋形式を認める、歩行者空間確保のためのアーケード建設を道路上にも認める、などが考えられる。これはまさに三笠ビルにおいて先駆的に実現されたものであり、今後のまちづくりを考える上でも大いに参考となるだろう。

# あとがき

本書は、数多くの方々の支援を受け、まとめあげることができました。本書の最後に、お世話になった多くの方々に対し、謝辞を申し上げたいと思います。

まず、本書の元となった修士論文作成の主査である関東学院大学建築・環境学部教授 黒田泰介先生に深く感謝申し上げます。ご多忙の中にもかかわらず、親切丁寧なご指導をいただき、深く感謝したいと思います。

黒田教授にご執筆いただいた第一章から第三章については、横須賀市自然・人文博物館学芸員の菊地勝広氏から、所蔵する資料の提示だけでなく、多くの指導協力を頂戴しました。大滝町町内会長の上田滋氏からは、貴重な史料である『大滝町会創立五十周年記念誌』を提示していただきました。また、地元の歴史に詳しい古老の方々も紹介していただき、それぞれ、貴重なお話を伺うことができました。さらに、横須賀建築探偵団の富沢登美枝氏からも、多くのご助言と共に『横須賀三浦商工名鑑 １９５４』（昭和二九年度版）のご提示など、ご支援をいただきました。深く感謝申し上げます。

第四章については主に、日本建築学会図書館の文献資料を参照させていただきました。また、関東学院大学図書館や横須賀市立図書館の文献資料も役立たせていただきました。関係者の方々に感謝したいと思います。

本書の要である第五章の研究を進めるにあたっては、三笠ビル商店街協同組合事務長の杉浦正典氏に、貴重な三笠ビルのオリジナル図面や関係資料のご提示をいただきました。これらの資料は、本論の最重要部を構成するものであり、お骨折りをいただいた杉浦氏には、深く感謝したいと思います。また、二〇一八年の夏の暑い日に、当該図面資料の複写を手伝っていただいた黒田教授と菊地学芸員の親切心にも深く感謝したいと思います。

第六章については、あずまビル建設の権利者であり、大滝町会顧問の故島田一志氏が記憶されていた事柄が、大変役立ちました。ご多忙の中にもお時間をいただき、貴重な話をしていただいたことに、深く感謝したいと思います。心よりご冥福をお祈り致します。

最後に、本書をまとめるに際し、すべての面でご指導とご支援をいただきました黒田教授に、あらためて感謝を申し上げたいと思います。また、三笠ビルの作図や模型製作を担って頂いた黒田研究室の学生さん達にも御礼申し上げます。今後は皆さんのご恩に報いるべく、自分なりの研究を続けていきたいと思います。

亀井　泰治

二〇二二年一二月二〇日

## 図版出典

図1 横須賀市自然・人文博物館所蔵、横須賀海軍工廠『横須賀海軍船廠史』第一巻、一九一五年より転載．図2 個人蔵．図3 同上．図4 同上．図5 同上．図6 同上．図7 横須賀市自然・人文博物館展示史料（仏ブレスト市複製寄贈）より．図8 基盤地図情報（国土地理院）上に記入．図9 国土地理院データベース古地図コレクションより．図10 基盤地図情報（国土地理院）上に記入．図11 横須賀市自然・人文博物館所蔵（横須賀市指定重要文化財）．図12 基盤地図情報（国土地理院）上に記入．図13 国土地理院地図・空中写真閲覧サービス「横須賀」より．図14 基盤地図情報（国土地理院）上に記入．図15『国勢調査以前の日本の人口統計』https://ja.wikipedia.org/wiki/ 国勢調査以前の日本の人口統計（2019.01 閲覧）より作成．図16 横須賀海軍工廠『横須賀海軍工廠沿革史』より作成．図17 個人蔵．図18 横須賀市震災誌刊行会『横須賀市震災誌附復興誌』より転載．図19 同上．図20 神奈川県立公文書館所蔵．図21『横須賀市震災誌附復興誌』より転載．図22 同上．図23 同上．図24 基盤地図情報（国土地理院）上に記入．図25 亀井撮影．図26 横須賀市都市計画課提供．図27 横須賀市自然・人文博物館所蔵．図28 鳥取県立公文書館所蔵．図29 同上．図30 沼津市発行パンフレット『商店街の不燃化　沼津防火建築帯』より転載．図31 同上．図32 同上．図33 同上．図34 同上．図35 沼津市アーケード名店街ウェブサイトより転載．図36 亀井撮影．図37 横浜市『横浜都市計画概要』（横浜市中央図書館所蔵）より転載．図38 神奈川県立公文書館所蔵．図39 亀井撮影．図40 神奈川県住宅供給公社提供．図41 亀井撮影．図42（社）全国市街地再開発協会『日本の都市再開発史』一九九一年、（財）横浜市建築助成公社『横浜市建築助成公社20年誌』一九七三年より転載．図43 亀井撮影．図44 横須賀市立中央図書館郷土資料室提供、図45 三笠ビル商店街協同組合所蔵．図46 同上．図47 横須賀市自然・人文博物館所蔵の地形図に記入．図48 黒田撮影．図49 同上．図50『新しい街「三笠ビル」商店街』より転載．図51 黒田撮影．図52 三笠ビル商店街協同組合所蔵．図53 同上．図54 亀井撮影．図55 三笠ビル商店街協同組合所蔵．図56 横須賀市立中央図書館郷土資料室提供．図57 三笠ビル商店街協同組合所蔵．図58 関東学院大学黒田研究室作成（小嶋竜也、荒谷英俊、

竹丸凌）．図59 同上．図60 同上．図61 同上．図62 三笠ビル商店街協同組合所蔵．図63『新しい街「三笠ビル」商店街』より転載．図64 黒田撮影．図65 三笠ビル商店街協同組合所蔵．図66 黒田撮影．図67 撮影：Studio TAI．図68 黒田撮影．図69 三笠ビル商店街協同組合所蔵．図70 黒田撮影．図71 横須賀市自然・人文博物館所蔵．図72 同上．図73 横須賀市立中央図書館郷土資料室提供．図74『防災建築街区造成事業街区指定関係綴』昭和四一年度より作成．図75 同上．図76 同上．図77 横須賀市立中央図書館郷土資料室提供．図78 同上．図79 有限会社あずまビル所蔵．図80 島田一志「実践に生かしたJS活動」を基に作成．図81 有限会社あずまビル所蔵資料を基に作成．図82 同上．図83 有限会社あずまビル所蔵．図84 横須賀市立中央図書館郷土資料室提供．

表1 掲載資料より作成．表2『横須賀の町名・1989』付属年表より抜粋．表3『横須賀の町名・1989』p.36より横須賀市部分を抜粋．表4『横須賀百年史』p.133より作成．表5 掲載資料より作成．表6『横浜市建築助成公社20年誌』（財）横浜市建築助成公社、p.28より作成．表7 掲載資料より作成．表8 関連資料より作成．表9『新しい街「三笠ビル」商店街』より抜粋．表10『新横須賀市史』別編年表より抜粋．ゴシック体による強調は筆者による．表11 関連資料より作成．表12 同上．表13 同上．表14 同上．

# 主要資料・参考文献


## 横須賀の都市形成史

横須賀市 編『横須賀案内記』一九一五（大正四）年
横須賀市 編『横須賀百年史』一九六五（昭和四〇）年
横須賀市 編『横須賀市史　上巻』一九八八（昭和六三）年
横須賀市 編『横須賀市史　下巻』一九八八（昭和六三）年
横須賀市 編『新横須賀市史　通史編　近現代』二〇一四（平成二六）年
横須賀市 編『新横須賀市史　別編　年表』二〇一五（平成二七）年
横須賀市 編『占領下の横須賀　連合国軍の上陸とその時代』二〇〇五（平成一七）年
横須賀市 編『第一回横須賀市統計書』一九一五（大正四）年・復刻版：横須賀郷土資料復刻刊行会、一九八二（昭和五七）年
中央地域文化振興懇話会 編『よこすか中央地域　町の発展史1』横須賀市、二〇〇一（平成一三）年
中央地域文化振興懇話会 編『よこすか中央地域　町の発展史2』横須賀市、二〇〇三（平成一五）年
中央地域文化振興懇話会 編『よこすか中央地域　町の発展史3』横須賀市、二〇〇六（平成一八）年
横須賀海軍工廠 編『横須賀海軍工廠史』横須賀海軍工廠、一九三五（昭和一〇）年
横須賀市大滝町会 編『大滝町会創立五十周年記念誌』一九七三（昭和四八）年
綾部虎治郎『横須賀研究』一二三堂書店、一九一七（大正六）年
伴田滔洋・股野東洋『横須賀案内記』軍港堂、一九〇八（明治四一）年、訂正再版一九一〇（明治四三）年
横須賀市商工会議所 編『横須賀三浦商工名鑑 1954』一九五四（昭和二九）年

横須賀市都市整備部都市整備課 編『横須賀の町名・1989』一九八九（平成元）年
北澤猛・福島富士子「横須賀の都市形成 1864-1945」『横須賀市内近代化遺産総合専門調査報告書』、横須賀市自然・人文博物館、二〇〇三（平成一五）年
北澤猛・福島富士子「横須賀市の都市計画について」『横須賀市内近代化遺産総合専門調査報告書』、横須賀市自然・人文博物館、二〇〇三（平成一五）年
双木俊介・藤野翔「軍港都市横須賀の形成と土地所有の変遷―横須賀下町地区を事例に―」『歴史地理学野外研究』第13号、筑波大学歴史・人類学系歴史地理学研究室、二〇〇九（平成二一）年
双木俊介「軍港都市横須賀における商工業の展開と「御用商人」の活動―横須賀下町地区を中心として―」『歴史地理学野外研究』第14号、筑波大学歴史・人類学系歴史地理学研究室、二〇一〇（平成二二）年
加藤晴海「軍港都市横須賀における遊興地の形成と地元有力者の動向」『歴史地理学野外研究』第14号、筑波大学歴史・人類学系歴史地理学研究室、二〇一〇（平成二二）年
雑賀屋不動産 編『さいか屋創業125年記念（株）さいか屋小史』一九九二（平成四）年
辻井善弥『目で見る横須賀・三浦の百年―横須賀市・三浦市』郷土出版社、一九九二（平成四）年
上山和雄 編『軍港都市史研究 横須賀編』清文堂、二〇一七（平成二九）年
高村聰史『〈軍港都市〉横須賀　軍隊と共生する街』吉川弘文館、二〇二一（令和三）年

関東大震災と震災復興

神奈川県 編『神奈川県震災誌』一九二七（昭和二）年
横須賀市震災誌刊行会『横須賀市震災誌附復興誌』一九三二（昭和七）年

## 都市の不燃化

都市不燃化同盟編『都市不燃化運動史』一九五七（昭和三二）年
全国市街地再開発協会編『日本の都市再開発史』（社）全国市街地再開発協会、一九九一（平成三）年
初田香成「戦後における都市不燃化運動の初期の構想の変遷に関する研究」『日本都市計画学会都市計画論文集』No.42-3、二〇〇七（平成一九）年
初田香成『都市の戦後　雑踏のなかの都市計画と建築』東京大学出版会、二〇一一（平成二三）年
村井進『耐火建築促進法について　耐火建築促進法とその解説』（社）都市不燃化同盟、一九五二（昭和二七）年
村井進「耐火建築促進法施行の第一年を終へて」『建築雑誌』Vol.68, No.801、一九五三（昭和二八）年
村井進「耐火建築促進法について」『店舗のある共同住宅図集』日本建築学会、一九五四（昭和二九）年
兼岩傳一「復興建築と不燃化をどう促進するか」『建築雑誌』Vol.63, No.744、日本建築学会、一九四八（昭和二三）年
石井桂「都市不燃化について」『建築雑誌』Vol.68, No.801、日本建築学会、一九五三（昭和二八）年
田辺平学「諸君に訴える」『建築雑誌』Vol.68, No.801、日本建築学会、一九五三（昭和二八）年
石川充「防火帯のことども」『新都市』一三巻五号、一九五九（昭和三四）年
不燃建築研究会編『燃えない商店建築図集』一九五九（昭和三四）年
和田友一「耐火建築促進法の歩んだ道」『住宅』一九六一（昭和三六）年六月号、日本住宅協会
越澤明『復興計画　幕末・明治の大火から　阪神・淡路大震災まで』中央公論新社、二〇〇五（平成一七）年

### 防火建築帯の実例：沼津市

今泉善一「沼津市本通防火帯建設について」『建築雑誌』Vol.70, No.825、日本建築学会、一九五五（昭和三〇）年
松下喜一「沼津市防火建築帯の造成」『建築雑誌』Vol.70, No.825、日本建築学会、一九五五（昭和三〇）年

防火建築帯の実例：横浜市

横浜市建築局 編『都市再開発と街区造成　第5回全国都市不燃化横浜大会特集』横浜都市不燃化促進協議会、一九六五（昭和四〇）年
（財）横浜市建築助成公社 編『横浜市建築助成公社20年誌』一九七三（昭和四八）年
神奈川県住宅供給公社・柳建築設計事務所「横浜にある店舗つきアパート・横浜長者町」『新建築』一九五五（昭和三〇）年一二月号
横浜市 編『横浜市都市計画概要』一九五三（昭和二八）年
横浜市企画調整局 編『港町・横浜の都市形成史』一九八一（昭和五六）年
中区制50周年記念事業実行委員会 編『横浜中区史』一九八五（昭和六〇）年

今泉善一と日本不燃建築研究所

今泉善一「商店街の不燃共同化の諸問題」『建築雑誌』Vol.73, No.854、日本建築学会、一九五八（昭和三三）年
今泉善一「大森事件のことなど」『建築雑誌』Vol.100, No.1229、日本建築学会、一九八五（昭和六〇）年
池辺陽、日本建築学会 編『店舗のある共同住宅図集』一九五四（昭和二九）年
伊達美徳「創宇社建築会について（山口文象による講演）」『建築家山口文象＋初期 RIA アーカイブサイト資料』二〇一一（平成二三）年
伊達美徳「戦後復興期の都市建築をつくった建築家小町治男氏インタビュー」『まちもり通信 YB 版』二〇一三（平成二五）年

三笠ビル関連

三笠ビル商店街協同組合 編『新しい街「三笠ビル」商店街』一九五九（昭和三四）年
今泉善一「三笠ビルのできるまで―新しい街づくりの記録―」『住宅金融月報』一九六〇（昭和三五）年一月号、住宅金融公庫総務部広報課
小滝武夫「横須賀三笠ビル商店街造成に当って」『不燃都市』一九六一（昭和三六）年6号、東京不燃都市建設促進会

和田友一「新しい商店街」『セメント』No.111、一九五九（昭和三四）年
東商調査部「集団店舗化の実情を見る（五）横須賀三笠ビル商店街の場合」『東商』第一八〇号、一九六二（昭和三七）年
石井行夫『人生、世のため人のため　高地光雄氏一代記』はまかぜ新聞社、二〇一〇（平成二二）年
石井勇佑、高見沢実、野原卓「三笠ビル商店街における共同建築形態とその実現・継承における研究」『日本都市計画学会 都市計画報告集』No.18、二〇一九（令和元）年
三笠ビルの建築図面（青図）及び写真など関連資料：三笠ビル商店街協同組合所蔵

あずまビル関連
島田一志「実践に生かしたJS活動」『JC news YOKOSUKA』no.140、一九七二（昭和四七）年一〇月号
あずまビルの平面図（青図）及び写真など関連資料：有限会社あずまビル所蔵

その他
藤木忠善『ル・コルビュジエの国立西洋美術館』鹿島出版会、二〇一一（平成二三）年
藤森照信『日本の近代建築（下）』岩波書店、一九九三（平成五）年

## 著者


### 黒《くろ》田《だ》 泰《たい》介《すけ》

関東学院大学建築・環境学部教授。専門分野：イタリア都市形成史、歴史的建築の再生・利活用計画（レスタウロ）。

1967年 東京都生まれ。1991年 東京芸術大学美術学部建築科卒業。1995~98年 M.カルマッシ建築設計事務所（フィレンツェ）に勤務。2000年 東京芸術大学大学院美術研究科博士課程修了。博士（美術）。

著書に「ルッカ 一八三八年」（アセテート、2006年）、「LUCCA 1838」(Maria Pacini Fazzi Editore、2008年）、「イタリア・ルネサンス都市逍遙」（鹿島出版会、2011年）、共著に「Twelve Houses restored in Japan and Italy」（Aracne Editrice、2011年）、「リノベーションからみる西洋建築史」（彰国社、2020年）など。

### 亀《かめ》井《い》 泰《たい》治《じ》

横須賀市生涯学習課 文化財（建造物）担当。関東学院大学工学総合研究所 研究員。

公益社団法人 横浜歴史資産調査会 研究員。一級建築士。学芸員有資格。

1960年 横須賀市生まれ。1982年 関東学院大学工学部建築学科卒業。2020年 関東学院大学大学院工学研究科建築学専攻 博士前期課程修了。

横須賀市建築部営繕課、横浜市都市デザイン室（歴史を生かしたまちづくり担当）、

横須賀市公共建築課長、横須賀市自然・人文博物館（近現代都市史担当）を経て、現職に至る。


## 執筆分担

はじめに・第一章・第二章・第三章・第五章：黒田泰介

第四章・第五章・第六章・第七章・あとがき：亀井泰治

軍港都市横須賀・下町地区の都市形成
防火建築帯によるまちづくり

2023年3月31日　第1刷発行

著　者　黒　田　泰　介
　　　　亀　井　泰　治

発行者　関東学院大学出版会
代表者　小　山　嚴　也
236-8501　横浜市金沢区六浦東一丁目50番1号
電話・(045)786-5906／FAX・(045)786-7840

発売所　丸善出版株式会社
101-0051　東京都千代田区神田神保町二丁目17番
電話・(03)3512-3256／FAX・(03)3512-3270

編集校正協力・細田哲史（明誠書林合同会社）
印刷／製本・藤原印刷株式会社


ISBN 978-4-901734-85-1　C3052　Printed in Japan